U0114311

台灣 公共工程的亂象 竹三案停滯的真相

李蜀濤 著 博客思出版社

序——期待與無奈

無奈多半有苦說不出，也找不到出路，一個人無奈影響個人的行為、家庭甚至一個團體，如果一群人無奈，則會影響整個社會。把無奈的原因找出來，引起共鳴，形成社會反思，會比把無奈悶在肚子裡有意義得多。

社會各行各業，性質不同，無奈的原因不一。很可能期待與結果落差太大受到挫敗，造成嚴重創傷，無法排解。而成功與失敗、得意與失意本在一線之間，成功之際意氣風發，挫敗當然悶到不行，成功決定有成功的因素，挫敗的原因必定有跡可尋。指出挫敗因果，可讓許許多多人能看到真相，看到活生生的教訓，因許多成功的因素多半經過修飾，不一定真實，而挫敗最原始最誠實。

許多人說台灣社會「亂中有序」，原本理應井然有序，怎會一個亂字了得，其實是一句無奈又痛心的話，叫人悶到不行，有些事亂中有序，無傷大雅，有些事一亂就很難收拾，一亂必定有人趁火打劫，有人受害遭殃。尤其攸關社會生活機能、秩序，對人民追求高品質生活及改變生活機能具有橋樑功能，像房屋建築、公共工程等行業，必須在規範內作業。

在台灣雖然絕大多數工程業者，都本著良知兢兢業業「做」工程，但難免還有人在「玩」工程，造成難以收拾的亂源，這種害人不利己的遊戲，如果沒機會及空間，不可能得逞。弔詭的是這個空間存在政府表面上是「依法行政」，實際卻是墨守成規，相關法令條文完備，但存有漏洞，形同魔鬼藏在細節中。司法是人民期待公平正義的代表，但執行者是人不

是神，起心動念難免有偏差。握有龐大社會資源的大企業，雖然經營管理嚴謹，卻無法約束體制外的權力，這些因素形成的空間及機會，只要心術不正、利慾薰心，就有機可乘，其所造成的傷害及社會成本，卻無處求償。

「竹三案」的亂象就是一個典型的案例，除了造成志品科技員工、股東及數百協力商慘重損失外，整個案件延宕十年，在分秒必爭國際競爭環境，面對大陸快速崛起，有些城市十年間GDP成長了九倍，而影響台灣經濟發展的「竹三案」，仍晾在一邊。台灣經濟這二十年來，人民對社會的期待，似乎從政府領導到民間都感到無奈，不是沒有原因的。

台灣已經沒有亂的本錢了，個人從事工程至今已超過40個年頭，又是「竹三案」直接受害者，親身遭遇如同歷險歸來，將所見所聞，雖然無法彌補創傷，只盼以說故事心情，寫出一個現實社會期待與無奈的事實，將真相揭露，給許多同業能當做殷鑑，讓社會能有所反思。劫後餘生，而且所言均有所本，不計個人毀譽，但嘆筆禿才疏，如有疏漏之處，敬請諒解，尚不吝指教。

CONTENTS

CONTENTS

CH14 **結語及感言** **208**

圖表目錄

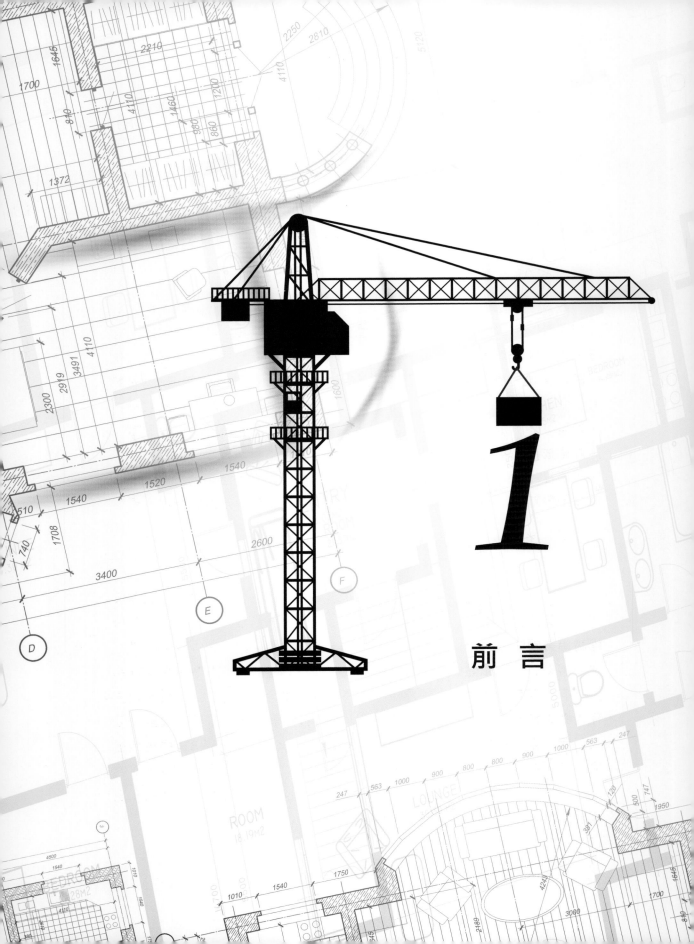

1

前 言

前 言

1.1 台灣公共工程的無奈

　　要談台灣公共工程的無奈，不得不提最近鬧得沸沸揚揚號稱史上最大開發案，總承包金額達700億元之台北市太極雙星案，經過媒體詳盡報導，讓人大開眼界，一個幾乎虛設之空殼公司「太極雙星國際公司」，差一點取得優先議約權，如果真是整合日本森集團及馬來西亞怡保花園集團，我們看到方舟之丘、六本木新城市開發及原宿表參道案及吉隆坡谷中城建設，那真是台北市民的期待，但真的假不了，假的也不可能以謊言、詐術變成真的，但整個事件被揭露後，確定整個工程勢必延宕。全案已進入司法程序，不宜再敘述，但這不是台灣偶發公共工程無奈事件，另一個實質上對新竹縣甚至台灣更有影響的「竹三案」不但令人匪夷所思，更令人無奈。

　　「竹三案」全名「科學園區特定區新竹縣轄竹東鎮區段徵收委託開發案」，又簡稱「竹科三期案」，並不是一般土地開發案，而是新竹縣政府聘請專業顧問公司依「上位及相關建設計劃」精心規劃，報內政部審議，並邀請新竹科學園區管理局等相關單位協商，轉呈行政院於民國94年1月18日以「專案」形式核准之國家經建計劃，這項計劃僅將生地改成建地工程費即高達143億元，獲利100%亦超過百億，是件非常難得珍貴重大公共工程，至今停擺近十年時間，在前任縣長鄭永金兩屆任期8年內幾無進展，留下遺憾，而現任縣長邱鏡淳已屆第二任，似乎成了燙手山芋，新竹縣政府於民國102年2月22日以涉嫌偽造投標文件而終止契約，廣昌資產管理負責人等，疑涉有違反政府採購法罪嫌。

　　如依原「默契」由96年3月間之投標團隊，志品科技為首的執行團隊，喬揚投資代表之台塑集團支持，日本歐力士ORIX 40億元自有資金投入，第一期工程早已完工，志品科技單一最大股東喬揚投資負責人李宗昌獲利超過百億，名利雙收，志品科技也獲得應得之工程利益，地主不但獲得土地補償金及40%土地開發利益，而新竹縣政府也為新竹縣及國家科技發展作出貢獻，縣長鄭永金也留下令人感懷的政績，達到開發商、地主、政府三贏的局面。

　　但如此重大的國家經濟建設為何至今停擺十年，是什麼原因？而最後坐上台面簽約是「廣昌資產公司」，而原主標公司志品科技卻信用受損、公司陷入困境。台塑集團撇開關係，昔日金童玉女辦理離婚切割責任，日本歐力士ORIX則根本沒參與，形同騙局，到底發生什麼事？相信直接受害最深的志品科技公司，718位同仁、458位股東、388家協力廠、上萬個受害家庭想知道事實真相，我相信「竹三案」區段徵收範圍內之地主及相關人想知道，新竹縣民有權知道，當初參與規劃設計及評審的專家、學者有權想知道，批准以「區段徵收委託開發」的前縣長鄭永金先生、前內政部部長蘇嘉全先生、前行政院長游錫堃先生應該知道，現任縣長、內政部長、公共工程委員會主任委員、行政院長及總統我想應該知道，甚至生活在台灣這片土地的人「竹三案」到底跟你的未來有什麼關係？還是僅僅認知是一件公司之間商業糾紛？而台塑集團為國內最大財團，有關數萬股東權益「竹三案」到底與公司有何關連，是否公司治理方面，高階經理人私人行為管控出了什麼偏差。

　　「竹三案」絕不是一般土地開發案或一件單純公共工程，依「上位及相關建設」內容，是一項國家重大經建工程，因涉及層面甚廣，由新竹縣政府報內政部呈行政院報准推動，至今已十年，如此重大的公共建設為何延宕至今，何去何從竟成了懸案，尤其發生在資訊透明，法治完備的台

灣，簡直是一件不可思議的事，不過內容的確錯綜複雜，如不是受害者親身經歷整個過程，無法瞭解真正事實真相。

　　本書從「竹三案」緣起談到「竹三案」計劃意義、成案經過，利益及商機、投標過程、停擺內幕、衍生的司法訴訟、志品科技控訴、從「竹三案」看大財團公司治理盲點、台灣司法生態、兩岸科技發展、台灣公共工程生態及結語及感言，內容事實為避免日後產生是是而非的訴訟及耗費無謂社會成本，都有檢調單位、法院之蒐證證據做為佐證資料，而背負志品科技公司所有員工、股東及受牽連的協力廠所受損失及冤屈，所付的代價，而個人這些年來九死一生，所有經歷，所見所聞，都是血淚的敘述，尤其面對擁有龐大社會資源，雄厚政商關係，幕前幕後的主使者，回想奮鬥之際，勢單力薄，手無寸鐵，四顧茫茫，淒涼及孤絕感，難以言語形容。

　　「竹三案」到目前所造成的直接及間接傷害尤其對志品科技公司難以彌補，社會成本難以估計，如此大的代價，到底帶給台灣社會有哪些反省及教訓，從中可以得到甚麼啟示？台灣民主政治隨著社會成本及學習成本付出將愈來愈成熟，政黨輪替也將成為常態，類似「竹三案」國家重大經建計劃及工程應有其一貫性，從竹科一期、竹科二期成功的模式，對高喊拼台灣經濟的當政者，有什麼樣的省思。

　　從「竹三案」可以透析，目前台灣政治生態，民主政治有其珍貴之處，如一切以勝選取得權力，為唯一手段及目的，只有選票考量，高瞻遠矚即成了口號，使命感成了無力感，人民的期待變成無奈，竹科一二期所造成台灣高科技經濟奇蹟的成功因素，蕩然無存。

　　台灣是典型市場經濟社會，大型財團及企業因擁有龐大社會資源，在各個行業中無疑是領頭羊，隨著企業發展，組織日趨擴大，公司高階經理人已成為社會公眾人物，動見觀瞻，應以社會公器自我期許，明修棧道，暗渡陳倉，公器私用同時對他人造成重大傷害之事，應對自己行為負責，不能藉公司龐大資源切割責任，逃得過法律制裁，絕對避不開社會是非公斷，尤其利慾薰心斷送公司未來發展契機，更令社會大眾難以接受，必遭唾棄。

　　公平正義的社會，來自人民對司法的信任，在當前功利社會，人非聖賢，很難不受世俗的影響，社會價值觀，各行各業因人而異，當主政者高喊不干涉司法之際，千萬不能忽略，司法是由人在執行，尤其在開放社會，每個人都有自己的信仰、嗜好，也難免有七情六慾，尤其貧富愈來愈懸殊的社會，優弱分明，當道高一尺，魔高一丈之際，又有誰來監控那些「人」呢？老百姓的期待是什麼？主政者的天職又是什麼？能否引起共鳴？

　　我無意高談闊論，「竹三案」如何推展及收場，如何落幕，已非我能判斷，只希望整個事件真正呈現在世人面前，無論你站在哪個位置，都可能得到一些警示，往者已矣，來者可追，儘管人微言輕，且以野人獻曝心情，不在乎個人榮辱。給今後尋求投資者一個借鏡，必須慎選股東，對策略伙伴一定要摸底，否則你的損失是毀滅性的，而對方損失再重也僅屬於可控制範圍，公司管控必須依制度系統，一切協議及會議決議，無論規模一定要留下雙方記錄，不能聽信所謂「誠信」，真正君子是不會把誠信當作塑造形象工具的，相對「竹科一期」「竹科二期」輝煌成就，「竹三案」對目前台灣經濟發展，政治生態，會產生什麼聯想，見仁見智就看你的立場了。

　　台灣社會在不斷反省中成長，「竹三案」此一獲利超過百億及千億商機超級大案，無疑是面鏡子，暴露出政府政策，在政黨輪替及選舉制度中難以避免的脫序亂象，重大公共工程因採購發包及相關法令的盲點，以及目前行政制度上人為疏失。

　　現實社會中存在許多的無奈，但儘管手中掌握社會資源之士，可以「不計代價」扭曲事實，擺平事端，但事實終歸是事實，只能扭曲一時，一手遮天能遮多久呢？事實不會因地位、時間而改變，當公平正義彰顯之時，人們心中定有一把尺，不法行為難逃制裁，儘管商場上充滿爾虞我詐，但終究邪不勝正，走正道才是王道，否則社會自有公斷，也不致造業障。

1.2 「竹三案」的期待

　　瞭解「竹三案」要從台灣新竹科學工業園區或簡稱「竹科」談起，自1980年12月15日成立至今，是台灣第一個科學園區，有「台灣矽谷」之稱，許多世界一流半導體產業，如台積電、聯華電子、旺宏電子、華邦電子等電腦資訊及軟體產業全景軟體、緯創資訊等，及光電業元太科技、友達光電、鼎元光電、晶元光電，均在竹科一期、二期孕育茁壯，成就不僅僅對台灣產業影響深遠，更帶動亞洲國家科技治國風潮，30年來形成台灣經濟競爭的優勢，成為台灣的驕傲。

　　「竹三案」又簡稱「竹科三期案」全名「科學工業園區特定區新竹縣轄竹東鎮區段徵收委託開發案」。

　　新竹科學園區特定區自1981年5月發布至今已超過30年，除了竹科第一期及第二期依科學園區相關法令辦理徵收，其他部份都沒有辦理。

　　因此土地使用受到限制，也影響園區擴展，直至2004年9月10日才由新竹科學園區管理局公告放棄辦理田地徵收。

　　由於竹科產業高度集中發展，園區內外就業人口快速增加，導致交通壅塞，土地開發已達飽和狀態。

　　前新竹縣長鄭永金當選後，即希望為地方做些貢獻，積極推動「竹三案」，計劃將122縣道中興路二段，面側北二高以北，新竹科學園區以

東，中興路二段297巷以西之土地454公頃，剔除區段面積含工研院、零星工業區、保護區等計93.83公頃，納入區徵面積333.38公頃，打造一具有兼顧環境保護、生活空間及科技之科學園區，但適逢台灣首次政黨輪替，中央由民進黨執政，身為國民黨籍鄭永金縣長，卻淪為在野黨，以新竹縣政府當時財務能力，根本不可能藉由一般傳統編列預算，設計發包方式推動建設，尤其「竹三案」此一龐大公共工程，畢竟一個舉債已達上限的地方政府，根本無能力進行如此大型的開發案，故新竹縣府為突破此預算上之困境，專案報請內政部轉呈行政院特准，引用民間資金方式，以類似促參法的概念，但因涉及區段徵收必須借助公權力，依採購法以最有利標方式解決此問題，一併能順利推動此案。

未來產業，攸關國家經濟發展，只有保持技術在領先群及掌握市場通路，才能生存及成長。

最近反映20年來年輕人薪水不增反降，在同時大陸已成為世界第二大經濟體，依其政府體制、社會制度、民族士氣，再10年很可能超越美國，成為世界第一經濟體，儘管內部存在許多問題，但卻是一個鐵的事實，身處周邊地區，如何應變其將所形成的磁吸效應，政府除了強調清廉整肅貪腐，是否還要有立竿見影的作為。

目前有超過150萬人台灣精英在大陸打拼，幾乎佔人口6.4%、就業人口13.7%，在大陸各行各業奮鬥，從往返飛機上，看自由時報者不拿中國時報、聯合報，反之亦然，其實政治信仰及立場非常鮮明，在台灣各隨顏色起舞，在大陸卻成為清一色台商及台胞，典型政經分離，共同目的開創事業賺錢。

大陸經濟發展產業從勞力密集，資本產業進入技術密集，市場也從外銷導向轉為內需導向，並大力扶植服務業，台商無法抓住社會脈動，被淘汰不在少數，但運用兩岸優勢互補，也產生許多世界級的企業。

最典型案例鴻海富士康，1996年在深圳發展，如今員工超過120萬人，遍佈中國大陸，在香港上市，為ODM龍頭，2012年營收新台幣三兆元，旺旺集團蔡衍明先生回台成為媒體大亨，其他裕元集團等不計其數，我們不得不佩服這些企業家雄才大略，當週末我們看到松山機場停放各型私人飛機，週一全部飛回大陸，在競爭洪流中翻滾，每天與時間賽跑，哪有空閒抱怨，他們為自己經營的企業建立永續經營的基盤奮鬥之際也為台灣在寫歷史。

20年前台灣至東南亞及大陸投資，帶著台灣的優勢及驕傲，而今還剩下多少？眼前的儘是負面的名詞，很少看到激勵之詞，批評及唱衰已成顯學，當大陸於12/5大戰略出台之際，台灣除了各行各業自求多福，主政者強調節儉及清廉，並引以自豪，其實台灣公務人員具有李國鼎先生及孫運璿先生情操，不在少數。

風骨清高，廉潔自許，當然公務員也是人，部份承受不了物慾誘惑，依目前風氣及制度，為民公僕本應「圖利他人」，卻只能偷偷圖利自己，因動則得咎，多做多錯，不做不錯，形成「失能」，這比貪污更可怕。

台灣80年代的經濟奇蹟及90年代民主傳奇，讓台灣人出國總是帶者一份驕傲，20年來台灣民生的停滯，經濟體質的虛耗，社會階層及世代的落差，政治人物只有立場，並堅持自我信念及性格，天天在細枝末節中，

見樹不見林糾纏不休，每天打開電視，看不到國家發展政論節目，只有政治立場或電視台立場顯明的Callin節目，看不到國際動向的新聞，只有網路轉載的廉價報導，國家領導在堅持「新聞自由、言論自由」之際，人民卻喪失拒絕生活在膚淺化、瑣碎化社會的自由，當國家政治虛無化，台灣經濟奇蹟所累積的資產也將揮霍殆盡。

　　台灣這二十年來經濟發展到底有哪些問題？由「竹三案」原計劃之「上位及相關建設計劃」可以瞭解，這項攸關台灣經濟及科技發展重大工程，為何在分秒必爭的國際科技競爭時代，十年來停滯不動，而「竹三案」衍生相關訴訟，上演一幕幕荒謬鬧劇。由「竹三案」的整個發展及志品科技的遭遇，可以抽絲剝繭，掃描出台灣目前的問題。

1. 「竹三案」計劃意義，可以瞭解「竹三案」目標及範圍，其上位及相關建設計劃，對台灣科技發展的意義及影響，對企業永續發展更有其獨特的意義，絕不是一般土地開發與地主分享利益的開發案。

2. 「竹三案」成案經過，其過程恰逢台灣首次政黨輪替，中央與地方在不同政黨分管狀況，為了台灣未來發展，從地方到中央努力克服障礙經過。

3. 「竹三案」的利益及商機，其財務分析及回饋計劃，由土地分配徵收，共創政府、地主、投資商三贏局面，而投資商獲得90.85公頃土地約27萬坪，超過140億的龐大利益，是志品科技匹夫無罪，懷璧其罪慘遭設局暗算的根本原因，其實「竹三案」更大價值在土地開發完成，對地方、企業及政府更深遠的商機及影響。

4. 忠實呈現「竹三案」第一次招標及第二次招標過程，依採購法最有利標選商，表面一切合法，但結果整個工程延宕十年，並非道高一尺，魔高一丈，而是嚴謹的採購法仍有其疏漏及盲點，如不修正，類似案件將層

出不窮。

5. 分析「竹三案」延宕原因，亦可看出採購法最有利標的宗旨，而實際選出所謂最優廠商的體質，其得標後簽訂契約，卻無能力執行的窘局，令縣府、顧問公司束手無策的實況，供未來公共工程執行者作為殷鑑。

6. 「竹三案」衍生的司法訴訟，一齣齣連環的單元劇，這些歹戲拖棚的荒謬劇，對台灣社會絕對是負面教材，同時給台灣經營者一個活生生的警惕，公司大股東能載舟也能覆舟，不得不慎，一時失察，形同一失足成千古恨。

7. 志品科技自訴過程及判決，對法制社會的公民而言，基本上只能尊重，或許法官並不真正瞭解「竹三案」真正案情，或許有一般庶民不知道的原因，為避免沉冤大海，將一些無奈及委屈說出來，雖然不一定講的明白，留給世人看個清楚，相信公道自在人心。

8. 「竹三案」志品科技的自訴案，審理及判決過程，如果人民真是司法系統的使用者，以現行法律制度仍有很大的落差，雖不是法律人，但台灣司法制度絕對有改革的空間，畢竟法官是人，不是神，必須要有更周嚴的遊戲規則，才能做最正確的判決。

9. 公司到一定的規模，已成社會公器，不再是私人囊中之物，其高階經理人亦成公眾人物，動見觀瞻，賦予體制內的權力是為公司經營而努力，而體制外的權力則是藏污納垢的溫床，不得不慎，公司高階經理人更應慎選，如果危險就在身邊，是一件防不慎防的災難。

10. 「竹三案」對志品科技而言，固然是一場災難，代價慘重，但也希望藉由巨大代價，總結一些經驗，給社會一些資訊。因台灣這塊可愛的土地上，仍有許多兢兢業業每天為未來努力打拼的人，相信他們更有智慧能以「竹三案」為戒，貢獻更多減少社會成本及提高社會價值的事。

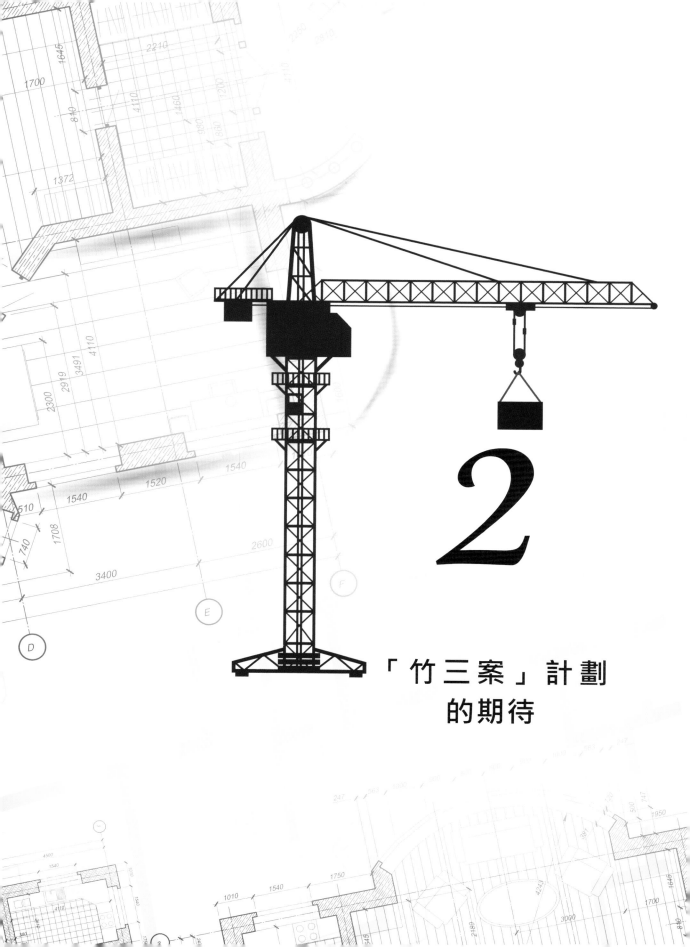

2

「竹三案」計劃
的期待

2 「竹三案」計劃的期待

2.1 「竹三案」計劃目標及範圍

「竹三案」計劃隸屬新竹科學園區特定區一部份，位於122線道中興路二段南側、北二高以北、新竹科學園區以東及中興路二段297巷以西，計劃區內有高鐵路線及北二高穿越，並有柯仔湖溪流經區內，原計劃面積約454公頃，納入區徵開發面積約333.53公頃，如（衛星空照圖2-1）。

「竹三案」計劃目標，依上位指導計劃，主要有國家發展重點計劃（2002~2007）；行政院於91年5月31日以院台經字第0910027097號函核定「挑戰2008國家發展重點計劃」，其內容之投資未來方面，以投資人才、研發創新、全球運籌通路及生活環境四大主軸，而挑戰目標有7項，其中世界第一的產品或技術至少15項，R&D投資達到GDP3%，與十大項重點投資計劃之中，E世代人才培育、國際創新研發基地及產業高值化息息相關。

而創新研發靠「人才」，在國際創新研發基地計劃，重點在「積極招募研發及培訓跨領域人才」，以塑造良好環境吸引國際研發人才來台，使台灣成為最好之專業創新研發中心，推動生技、奈米、晶片系統及電信等四項國家型計劃，建立核心產業技術之前創能力。

國際創新研發基地計有5項第二層計劃，一為吸引國際研發人才，二

為提供500億元研發貸款，三為設立重點產業學院，四為成立各種創新研發中心，五為推動重點產業科技研究。

　　在上位指導計劃下，依上階段之「概念設計」，我們在「竹三案投資計劃書」之基本規劃及佈置，發展願景與定位，以打造一科技健康休閒園區、兼具多元機能定位，營造親近自然舒適休閒公園，提供科技產業發展空間，創造完善生活商業服務環境，並製造健康生活居住環境，為高科技從業及研發人才提供良好的生活及工作空間，如（圖2-2，發展願景與定位）。規劃構想從整體實質空間發展兼顧都市景觀風貌，交通運輸動線、開放空間系統及既有紋理發展構想，將園區建立中心商業區、產業意象區及山水住宅區，規劃自行車道、人行空間、街道家具、景觀植栽，串連都市活動設施與節點，建構良好的緩衝空間及優良環境品質，如（圖2-3，規劃構想）。因此其土地使用及公共設施計劃，在整體計劃面積454公頃，包含保護區、河道用地及原台灣研發重鎮工研院，具工業區、商業區、住宅區及公共設施，為全新概念之科學園區，如（圖2-4，土地使用及公共設施計劃）。

PHOTO 圖 2-1　基地概況空照圖

科學工業園區特定區新竹縣轄竹東鎮區段徵收委託開發案

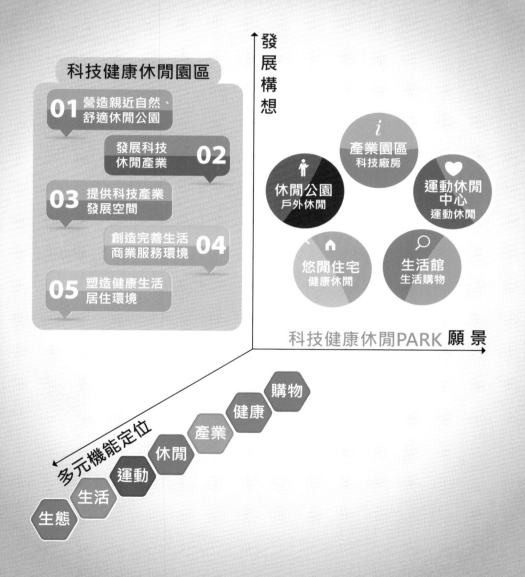

發 展 願 景 與 定 位

規 劃 構 想

整體實質空間發展構想

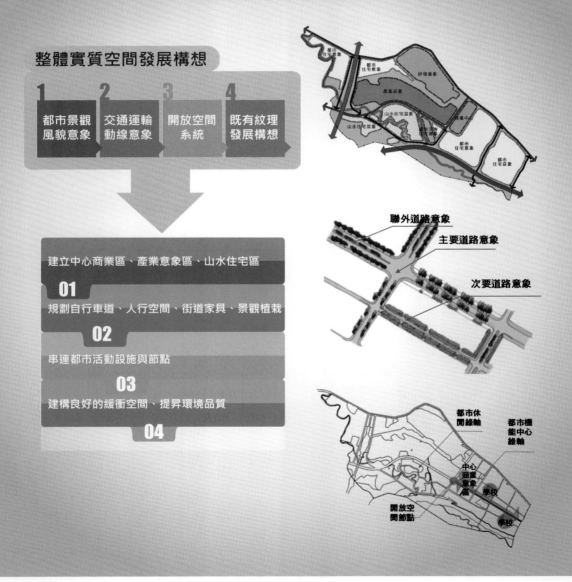

整體實質空間發展構想

| 1 都市景觀風貌意象 | 2 交通運輸動線意象 | 3 開放空間系統 | 4 既有紋理發展構想 |

建立中心商業區、產業意象區、山水住宅區
01

規劃自行車道、人行空間、街道家具、景觀植栽
02

串連都市活動設施與節點
03

建構良好的緩衝空間、提昇環境品質
04

圖 2-4　土地使用及公共設施計劃圖

土地使用及公共設施計畫

細部計畫示意圖

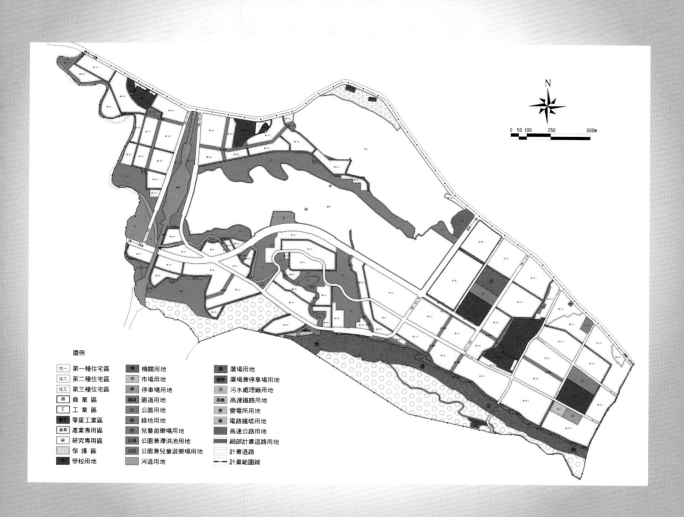

圖例

住一 第一種住宅區	機關用地	廣 廣場用地
住二 第二種住宅區	市 市場用地	廣停 廣場兼停車場用地
住三 第三種住宅區	停 停車場用地	污 污水處理廠用地
商 商業區	園道 園道用地	高鐵 高速鐵路用地
工 工業區	公園 公園用地	變 變電所用地
零工 零星工業區	綠地 綠地用地	鐵 電路鐵塔用地
產專 產業專用區	兒 兒童遊樂場用地	高速公路用地
研 研究專用區	公滯 公園兼滯洪池用地	細部計畫道路用地
保護區	公兒 公園兼兒童遊樂場用地	計畫道路
校 學校用地	河道 河道用地	計畫範圍線

　　「竹三案」本身即涵蓋工研院又緊鄰竹科一、二期，而創新研發的基礎在「人力資源」及「人的智慧」，台灣擁有全世界最密集的「研發供應鏈」及「智慧人才森林」。「竹三案」此項全新科學園區概念，所塑造的生活環境，更能吸引國際研發人才，因一流人才，其綜合條件除了薪水外，居住條件、家庭安置、子女就學及照顧，必須具穩定及長期性，而創新研發中心及重點產業科技研究，新竹地區最具備奈米應用研發條件。

　　奈米科技將是21世紀科技與產業發展最大的驅動力，其應用將遍及能源、光電、電腦、媒體、機械工具、生物醫學、生化醫藥、基因工程、環境資源、化學工業及基礎材料等產業。

　　未來相關產業的原創專利資產將是企業全球競爭及發展的根本利基，如奈米應用研發如能結合「產業鏈」及在此領域的產、學、研的「智慧森林」資源，是台灣產業高值化發展基礎。

　　因此「竹三案」兼具國家發展重點計劃，因綜合開發案計劃及新竹地區綜合發展計劃，屬國家重大公共工程，為順利推展本工程，有效整合區段徵收作業及整體區段徵收，縝密督導各項工程施工進度及品質，因此施工團隊必須具備紮實的組織結構，豐富的施工經驗，才能履行本計劃實質總目標。

2.2 上位及相關建設計劃

　　「竹三案」因含有區段徵收委託開發性質，一般均誤認為是新竹縣政府主導之一般土地變更開發案。但由上位及相關建設計劃可以瞭解，是一件國家重大計劃及公共工程建設案，其上位指導計劃，主要有國家發展重點計劃、國土綜合開發計劃、台灣北部區域計畫、新竹科學城發展計劃及新竹縣綜合發展計劃，其涵蓋整個台灣國土開發、重點科技發展及科學城發展計劃。

　　國土綜合開發計劃，據瞭解核定於民國85年11月18日，計劃目標與開發策略，有下列5個重點：

1. 生態環境的維護 - 確保自然資源的永續發展。
2. 生活環境的改善 - 建設台灣為高品質生活環境。
3. 生產環境的建設 - 建設我國為自由開放的經濟體。
4. 針對當前居住、公共設施及產業發展用地供需失衡問題，提出因應對策及具體改善措施。
5. 重建國土空間秩序，促進區域均衡及調和城鄉發展。

　　依國土綜合開發計劃策略及國家發展重點計劃，將新竹地區定位為北部都會生活圈，同時亦為北部次區域中心，同時發展台灣國際競爭力。以新竹竹科一、二期為基礎，由工研院為首的研發單位，結合產、學、研之研發資源，成為全國高附加價值產品製造及研發中心、技術支援中心，並成為文化科學城及國際化門戶。

　　「竹三案」投資計劃即以上位計劃宗旨，注重永續及平衡之生態環境，提供親水、親山環境及自然中心，有完善的生活網建設、優質的環境、便捷的運輸及充分美學表現的城鄉景觀。同時有合宜的產業發展用地，齊備的科技產業環境，具有高品質投資環境及有秩序的國土空間，如同其他相關上位計劃，還包括內政部營建署北部區域計劃第一次通盤檢討及新竹科學城發展計劃，其空間發展模式劃分優先成長地區（科技帶核心區）、次優先成長區（科技帶）、條件性成長地（生活帶）及管制成長地區（保育帶）等4類空間模式。其中科技帶提供密集的都會生活與科技產業活動，同時與鄰近之都市計劃發展相互呼應，包括新竹市、新竹科學工業園區特定區、竹東、寶山及璞玉計劃，因此實際上是一項對科技發展、國土建設及地方發展事關重大的一項公共工程，絕非一般土地變更開發案。

2.3 「竹三案」對台灣科技發展的意義

2.3.1 從台灣智財逆差談起

　　台灣GDP約70%仰賴出口，包含兩岸貿易、資通訊科技產業ICT占最大比率，30年前沒有資策會、工研院及新竹科學園區等國家型科技計劃及整合，無法鑄造今日如此傲人的成就。但關鍵的生產設備、重要零組件及材料之專利產權及製造基礎仍然不夠紮實，與歐、美、日本還有一段差距，甚至不如南韓，政府每年研發預算新台幣一千億，加上民間四千億，但海外智財逆差含技術權利金、商標授權費，每年高達1,700億，且有逐年增加趨勢，目前還看不到任何有效措施，台灣科技能力從OEM代工起步，目前雖然提升至ODM層次，擁有相當多的專利，但多偏向製造技術，對創新及原創專利則明顯不夠，國內科技人才濟濟，並不是不瞭解這個問題，十年前就知道代工除了台積電模式，將步入困境，必須從根本智慧財產權著手，否則引以自豪的高科技、高風險產業卻陷入低毛利的泥沼，甚至在國際競爭戰場上，弄不清「智財地雷」在哪裡，險象環生，因此增加原創及創新之智財，自主研發是唯一的道路，台灣引以為傲的兩兆雙星產業，是30年前奠下的基礎，十年後、二十年後台灣未來科技永續發展，我們重點方向及政策在哪裡？

　　當我們看到對岸國務院常務會議，通過國家重大科技基礎設施建設，中長期規劃主攻七大科學領域，未來二十年以提升「原始創新能力」，支撐重大科技突破和經濟社會發展為目標，針對科技前沿研究和國家重大戰略要求，以能源、生命、地球系統與環境、材料、粒子物理與核物理、空間和天文、工程技術等七個科學領域為重點，值得我們深思，我們看「竹

三案」之上位指導計劃，以投資人才、研發創新、全球運籌通路及生活環境四大主軸，再看「竹三案」位置開發範圍，總面積430公頃內，涵蓋台灣科技育成中心，世界華人的驕傲的工研院，並緊鄰人才濟濟的竹科一、二期，在30分鐘車程內，有交通大學、清華大學等一流學府，一小時車程可達北部基礎研究中心之中央研究院、國防科學之中山科學院、台灣大學、台科大、北科大、台北大學、中原大學及淡江大學、大同大學及元智大學等，向南至台中有逢甲大學、東海大學，在這寬30公里、長100公里內，從研究單位、學術單位、科技公司及關鍵零組件供應鏈，台灣擁有全世界最獨特的科技原始森林，從應有盡有到無所不有，同時高鐵、高速公路、國際機場、港口與全世界接軌。

　　智財逆差非一朝一夕能改善，依「竹三案」上位計劃如何將產業高值化，研發創新是唯一途徑，事實上智財產權是科技立國根本。

　　我們摘取「竹三案」投資計劃書之發展願景與園區定位，與整體實質空間發展構想，與竹科一二期及目前台灣中部，南部科學園區有著不同的概念，依上位國家重點計劃，以人為本、永續發展、全球接軌、在地行動，是政府對人民具體承諾的一部份。

2.3.2 從韓國及中國大陸科技崛起看研發及智慧產權的重要性

97年亞洲金融風暴，台灣幾乎安然渡過，一度引以為傲，除了少數企業在高瞻遠矚，雄才大略的經營者領導下創出先機外，當初亞洲四小龍之首，竟然停滯十五年。同一期間，韓國浴火重生，已晉入世界十大經濟體，大陸迅速崛起，成了世界第二大經濟體，連越南GDP也成長了四倍，台灣卻一個「悶」字了得。

我們可以說出一千個理由，一千個建議，但台灣產業如無法加速升級轉型，即陷在「紅海」中無法成長獲利。GDP停滯，薪資階級所得實質上不增反減，整個社會缺乏成長動力，形同困坐愁城。

從「竹三案」上位計劃之一，產業高值化計劃願景：發展台灣成為全球研發重鎮，高附加價值產品的生產及供應基地。

而「竹三案」至今延宕十年，近十年的滄海桑田，韓國在97年亞洲金融風暴受創不輕，有些大財團從此消失，而浴火重生的公司如今布局全世界，不再侷限亞洲，以世界公司自居，無論技術創新、智識產權及品牌建立，令人佩服。

98年有機會訪問韓國，在SK集團總部看到公司從高階經理人至中堅幹部自動減薪，面對金融風暴的衝擊，全力開發海外市場尋求突破，共渡難關，在漢華集團HANWHA昌原工廠內，在主管辦公室及會議室牆上掛著八個漢字「不生則死，不死則生」，鼓勵全體員工創新奮鬥，令人動容，充分顯示企業永續經營真是生於憂患，死於安樂。

97年以前三星產品，一般印象品質及性能是次於日本SONY、松下、東芝，售價也有相當差異，而今三星這個品牌，無論技術、性能、專利成分、市占率、獲利能力，不但把日本，甚至全世界競爭者遠遠拋在後面。

韓國人他們真的有獨特的民族特質，商場如戰場，他們成功了，韓國已躋身世界十大經濟體，絕非偶然，2013年全球智慧型手機排名，三星出貨達3.19億支，幾乎是蘋果二倍，同時也看到大陸華為及聯想也擠入前五名，令人欽佩。2012年中小尺寸面板市場市佔率，以及2013年全球十大12吋晶圓廠產能及市佔率，充分展現三星在高科技產品領域的份量，其他在全世界領先的項目還有大型LCD面板AMOLED面板、DRAM、NAND FLASH、SRAM以及手機CMOS（影像感測器）及平面電視。

我們再看看三星2002年電子市值超過日本SONY，2006年躋身千億美元俱樂部，20種產品全球市佔第一。韓國在美國註冊8782項專利中，三星佔3611項，超過40%，我們看到三星在全球ICT產品領域的份量，其成功原因，從三星技術競爭力的核心，三星綜合技術院（SAIT）報導就能看出端倪。

SAIT的使命是克服當前資訊科技的技術瓶頸，同時進行必將成為未來發展基礎的基礎技術研究。

關鍵擁有智識產權而且在快速變化趨勢和技術中保持領先，並積極培養人才，放眼全世界整合研發資源，全球業務策略在地化，及甚至高於國家層次的全球戰略格局及氣度。

這一切來自一個關鍵的觀念「改變」，三星前會長李健熙說：「除了老婆、孩子不變，一切都要變。」，在世界改變前，三星先改變自己，我們看到97年金融風暴後，三星的「改變」，在台灣有些人如果跨海口，要把三星打趴，你也必須先「改變」自己，陷在慣性思考原來的你，那只是說說而已，再看看「竹三案」前後停頓十年，這十年間世界「改變」了多少？台灣在這段時間內又有多少「改變」？而在相同時段在中國大陸相關產品的發展，因擁有龐大內需市場，又是符合施振榮先生的微笑曲線，研發創新及自我品牌的建立，研發創新才能進入技術領先群，如F1賽車領先群在拼速度，展現技巧，進入良性循環，落後群則陷入相互搶道，擠成一團，險象環生，掉進惡性循環，而自創品牌不但能獲取生產利益，同時也獲取銷售利益及售後服務利益，雖然大陸起步較晚，但卻有「後發利益」，在內需市場從山寨版，透過技術引進及併購，到建立自我品牌，例子多到不勝枚舉。

這十年大陸快速崛起，除了「後發優勢」及龐大內需市場支撐，由於基礎科學研究紮實，整個科技從技術引進學習到創新，只要有合作對象能資源整合，在政府大力扶植及育成下，不必循序漸進，就可一步到位。

大陸民營企業，從依靠資源消耗和投資趨動，轉向資源節能和創新驅動，從傳統產業低附加價值向高附加價值轉變。由大陸專利局受理的發明申請案，2010年超越日本，2011年受理526,412件已超越美國，成為全世界最大專利申請國，雖然申請人包括外國人，但充份顯示未來智慧產權與市場必然結合在一起。

在2012年第四季大陸智慧終端（包含PC、平板、手機）市佔前六大廠商，聯想已超過三星，中興及華為也進入前六名。

　　2013年第四季大陸8.5代面板產能已超過台灣，2015年第四季將有八座8.5代TFT及AMOLED面板廠投產，將佔全球產能市場39%，一座8.5代TFT面板生產線，加上彩色濾光片、背光模組配套廠動輒台幣近2,000億，目前主力廠包括北京京東方、南京之中電熊貓及深圳華興光電，如無政府及銀行雄厚資金支持，根本不可能推動，並且「逆向操作」，在國際面板價格下滑無利可圖之際反而增加投資，最成功「逆向操作」成功經典即台灣中華映管，在前董事長林鎮源接手連續虧損十幾年後，洞察國際桌上電腦發展趨勢，在大同公司老董事長支持下看準CRT電腦顯示器市場，當國際市場供過於求，價格下滑投資停頓觀望之際，卻逆向加速在台灣、馬來西亞、英國、大陸擴建，當市場回溫供不應求，包括當時龍頭日本廠商措手不及，機會拱手讓給準備好的人。

　　華映每年賺進一個資本額，全世界市佔超過50%，成了價格領袖。而今大陸亦在同樣策略，當台灣面板廠商獲利空間壓縮，政府放手，銀行趨向保守，而大陸卻在政府及銀行支持下，逆向操作，加速直接由8.5代線切入，到2015年產能達到全世界39%，再與韓國聯手，佔全世界市佔超過80%，擠壓台、日面板廠生存空間，遊戲規則就能重新調整了。這當然有風險，兩年後即能印證，這絕不是目前台灣科技主管及民意代表認為「當今科技發展趨勢，應放手讓企業自行發展」歐美式之思維所能領略。

　　以深圳市華興光電公司為例，2009年11月才成立，為大陸自稱以「自主創新、自主團隊、自主建設」，在大陸從中央、廣東省、深圳市大力支持，直接切入8.5代TFT-LCD生產線，使大陸掌握高端顯示器科技，但核心技術幹部從執行副總、生產、工務、研發主管200多人來自台灣同業，包括友達、奇美、群創及華映，這些公司都投入巨額投資，包括引進技術之權利金，培養人才，十多年從3.5代、4.5代、5代、5.5代、6代、7.5代至8.5代，一步一腳印建立紮實基盤，華興光電在短短一年半就直接

切入8.5代，為大陸推出超大尺寸面板。

只看到台灣政府想辦法去追究這些面板技術人才，但沒人檢討分析如果華興光電沒有大陸政府從中央到地方及銀行資金大力支持，這些人才也無舞台可發揮。

而面板還要主力配套廠支持才能完成，驅動IC為奇景、聯詠及瑞鼎，背光模組為燦宇光電、瑞儀與大億科技，台灣不做機會就會讓給日本、韓國，企業求生存這是現實。政府去追究這些台籍人才，還不如靜下來想一想台灣科技結構到底出了什麼問題？

再看大陸另一傑出企業華為技術有限公司，一位退伍上校任正非先生，以人民幣二萬元創業，如今已成為電信領域智慧產權龍頭，佔全世界三分之一的通訊裝置市場，在全球設立研究單位，包括歐洲瑞典、德國、義大利、法國、美國、俄羅斯、印度，在大陸北京、上海、南京、成都、西安、杭州，全公司多達42,000人，從事研發工作，擁有三萬項專利及授權的智慧產權，征服世界，其營收70%來自大陸以外地區。

台灣有許多政治人物或學者，還有許多人仍以十多年前的大陸情況比較兩岸科技發展，自以為還高人一等，實在需要自我調整了。

2.4 「竹三案」對台灣未來科技發展的影響

　　「竹三案」上位計劃涵意之一即國際創新研發基地計劃，以匯集人才、研發創新、全球運籌通路及生活環境為4大主軸，看「竹三案」投資計劃書之整體實質空間發展構想示意圖2-5及整體美學設計模擬示意圖2-6，是以「綠營建」理念規劃設計，與竹科一、二期及目前台灣中部、南部科學園區，無論在節能環保、生態、人文及科學質量上都有截然不同的概念。整體之設計美學，為創造一個優質的產業生活圈、公共空間景觀設計重點在形成人與工作，自然與生活，親切和諧的關係，以體現全新示範型「永續園區」的理念，依上位國家重點計劃，以人為本、永續發展、全球接軌、在地行動，實現政府對人民具體承諾。

　　台灣土地使用幾乎已達極限，隨著環保意識抬頭，大面積生產型的工業區面臨擴展的困境，隨著經濟全球化，以及兩岸未來經濟分工及合作，必定對台灣全球競爭的優勢產生影響，如何因應未來十年及二十年科技及市場發展及變化，建立台灣不但是兩岸而且是國際創新研發基地，是全台灣人值得思考及努力的一件大事。

　　研發基本動力來自「人才資源」，台灣雖然缺乏自然資源，但擁有優異的科技人力資源，因而建立堅實高科技製造能力，這也為創新研發發展優勢。要讓台灣走出「悶」，最有效方式，讓台灣經濟脫胎換骨，恢復成長動力，「人力資源」是關鍵動力。

　　當人們提到孫運璿、李國鼎主導工研院、竹科成就、我們看到部份相關主管，一方面跟著肯定，另一方面卻稱竹科招式已用老，不適應目

前世界科技發展環境，應放手讓企業自己發展。但這30年來政府對科技產業的獎勵及相對政策，與快速發展的中國大陸甚至許多國家背道而馳。由於特殊政治生態及政治氛圍，公務員動輒得咎，已失去主動為民解決困境的使命感，所有制度程序不是為了便民而是保護自己的工具，如果政府不主動塑造解決問題的環境，如同放牛吃草，放手企業自己發展，然企業發展如何去面對層層關卡，只能自求多福，這是政府失去信任原因之一。竹科一、二期成功的經驗，是過去式，但未來科技發展與台灣擁有的優勢基礎，創新研發絕對是一個正確方向，有創新研發才能擁有更多的智慧產權，才能對抗及保護企業在全球競爭擁有致勝的武器。

　　創新研發成敗關鍵在「人」，如何吸引頂尖一流人才，除了待遇，工作環境與居家條件甚至更重要，是否一併考量，我們看「竹三案」的規劃，不就是朝這個方向走嗎？

整體實質空間發展構想示意圖

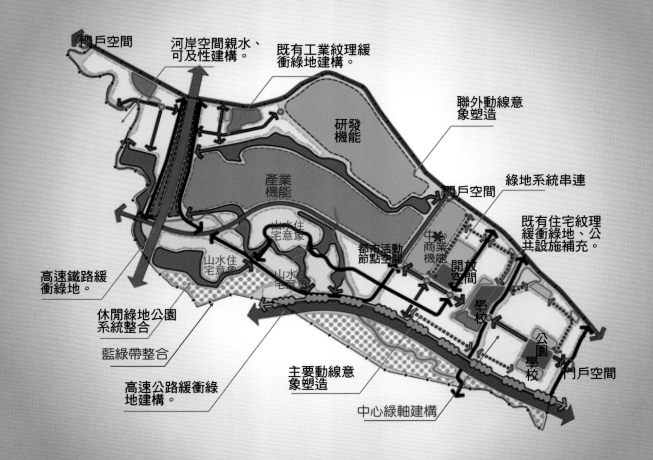

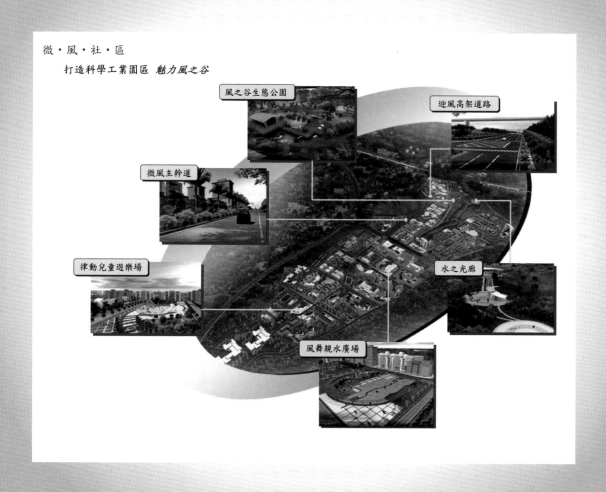

2.5 「竹三案」對台灣企業永續發展的意義

　　面對中國大陸崛起，強大磁吸效應，台灣原憑藉的科技競爭優勢，將逐漸流失，但台灣數十年所累積的「人力資源」不但在兩岸甚至全世界是一項傲人的資產，同時台灣位處太平洋盆地，從美國西岸矽谷，到日本、韓國、上海、台灣、香港，形成一科技及金融的環狀鏈，由於兩岸特殊關係，又與美、日友好，在國際戰略平衡上又不具威脅性，反而成為最佳政經交流中繼站，是一項既維妙又無法取代的利基，微笑曲線兩端技術領先及自有品牌，我們也有足以自豪及全世界羨慕的企業，同樣都有一相同特點，重視創新研發，我們從企業研發支出前三名，台積電、宏達電、聯發科，尤其台灣科技產業龍頭台積電從2009年至2013年研發支出高達1,720.7億元（資料來源-台積電年報），才能創造出世界級技術領先的競爭力，當台灣高科技產業撐起GDP半邊天之際，一般民眾是無法雨露均霑的，只有更多的大型企業從成熟產業走向成長產業，才能帶動整個經濟的動力，人民才會「有感」。

　　而研發創新才能為經濟成長注入新的活力，才能加速脫胎換骨，而研發創新所憑藉動能在「人力資源」，活用全球人力資源，其實哪一個跨國企業如不能活用全球人力資源，必定曇花一現，IBM、微軟Microsoft、谷歌Google、蘋果Apple、臉書Facebook，都具有同樣特質，因此「人力資源」絕不能「閉關修行」，一定要「全球接軌」，目前台灣社會對人才的認定非常模糊，實務上具備「學力」及「學歷」者，均是寶貴人力資源，無論具有學歷及學力者都是難得「人才」。因此衡量「人才」學歷至上，往往忽略技職是「人力資源」的基盤，高學歷「人才」僅是人力資源金字塔尖端的一群，沒有基盤的「人力資源」結構是脫離商業現實的。

在缺乏自然資源以及內需市場規模不足的台灣，在微笑曲線兩端技術領先及自有品牌推動，技術領先在豐沛的「人力資源」支撐下，無論在資金及人力投入及投資風險都比自創品牌容易，相對之下自創品牌在大陸因具市場規模，可自產自銷反而比創新技術更具優勢。因此企業必須掌控目前手中的優勢，如果企業認為智識產權花少許權利金就可以得到，不必花錢養一群對目前生產沒有效益反而是增加成本的人，而企業型態已從OEM進階到ODM，只要找土地便宜、工資低廉建廠生產就能獲利，早期台灣起步不就如此，但土地及工資是隨著GDP增長的，一旦不符生產成本，必定如遊牧民族逐草而居，當產業移動「人力資源」必定失衡，「人才」當然用不上，也進不來，進而原有這些「人才」容易被挖走，雖然因素很多，但「人才」無用武之地或遭閒置都是事實，兩岸三地互動未來經濟動物「人才」流動無法避免，但「人才」與智識產權綁在一起，就必須靠研發團隊，會減低軟體到硬體整體流失。

而產業體質如不能提昇必定停滯，則人才戰略如同沒有願景，近來台灣「人才」常被挖角，與政府經濟政策、教育體制、企業需求及國際競爭都有關係，其實台灣不乏在技術領先及自創品牌投入心血的企業，但如果創新不足，台灣GDP佔大比例之消費電子產品，必將陷入嚴重困境，而「人才」流失是導致台灣科技產業優勢漸失的關鍵之一，我們看台灣目前投入研發最多資源的台積電、宏達電及聯發科外，而掌控台灣社會資源的企業，不是成熟產業，就是整個生產或業務重心在大陸的產業。

另一典範企業華碩集團董事長施崇棠說：「台灣人在啟動創新心理上，沒有非常好的訓練。」其實這是政府、企業共同的要面對的問題，15年前台灣個人電腦在CRT龍頭中華映管前董事長林鎮源領導下，全球市佔率50%以上之影響下，帶動台灣廠商掌控全球個人電腦PC九成以上終端設計與製造，而CRT產業週期結束，進入TFT平板顯示器，因掌舵者林鎮源

辭職，人才流失，中華映管除大陸華映科技外，陷入困難。而如今因平板電腦及智慧手機成長產業的成長，PC銷售不斷下滑，而華碩卻因創新研發多種Android平板電腦，僅次於蘋果和三星居全球第三，因此我們有此令人振奮的範例，但也有更多的隱憂，如台灣無更多的企業從駕輕就熟之產業，投入研發創新走向成長產業，當經濟陷入發展困境，企業陷入產業生命週期循環的危機，再去談振興經濟方案，企業體質改造，就遠水救不了近火了，我們談中國大陸崛起、韓國三星，甚至30年前工研院竹科一二期及台灣目前以研發創新的典範產業，應快速學習對手及身旁者優點，找出未來正確的發展、生存空間及方向，「竹三案」絕對是一個契機之一。

2.6 「竹三案」計劃停滯感言

　　我們看到這二十年台灣經濟及所得成長停滯，結構兩極化成了M型社會，而所憑藉的資通訊科技競爭力，是30年前孫運璿、李國鼎主導下，由工研院、資策會、竹科一、二期所紮下雄厚基礎，幸虧當年有孫運璿與李國鼎。但30年後，台灣科技布局前景，我們可有類似的感懷，他們兩位所主導的政策為台灣塑造了一個良好環境，使企業和社會皆蒙其惠，自己卻一介不取，清廉自許，兩袖清風，這才是令人敬仰懷念的原因。

　　儘管許多人認為30年前時空環境不同，而今台灣社會已民主化，一切以選票考量的現實環境，他們「為民圖利」的種種作為，只要稍加扭曲，即抹黑成「為他人圖利」，不但灰頭土臉，甚至身敗名裂。但無論那個時代，一個政策推動，都必須有國家領導人挺身支持，各平行部門協助，所屬執行單位貫徹及人民的支持及配合。經濟是一個動態的實體，否則任何政策，只是一個理想、口號或淪為冰封的檔案。

　　沒有當年蔣經國信賴與支持，技術官僚絕無法做出貢獻，在「今天不做，明天就會後悔」的號召下，完成十大建設，在完善的週邊建設基礎及周詳的財經策略，台灣國民所得從數百美元提昇近萬美元，外匯儲備僅次於日本，至今產業主流還是靠當年累積的資產在支撐。

　　台灣人才濟濟，民間企業在半導體及資通訊產業也具備國際競爭的基礎，政府角色相對減弱。但科技轉型是台灣經濟脫胎換骨恢復強勁成長的動力，必須整合全國資源，因政府握有公權力乃具關鍵的影響力，面對未來國際科技發展局勢，如何整合台灣豐沛的創新研發能量，找到切入點，

需要政府周詳明確的決策，並訂定制度及激勵的誘因，民間企業才能找到充足的資源。以台灣目前以中小企業為主體的經濟結構，沒有政府作後盾，在國際競爭是無法單獨找到著力點的。

台灣社會固然不能與30年前相比擬，但仍然需要以卓越的遠見，廣納各界建言，整合資源及人才，為台灣未來科技產業前景做出果斷布局的科技政策主事者。

「竹三案」自民國96年6月6日簽訂契約，至今已近八年，一個國家重大經建公共工程的延宕，受害者不僅僅是志品科技一家公司，而是一個地方民眾的期待，甚至全台灣的福祉。最近台北市鬧得沸沸揚揚的太極雙星案，台北市依法被迫停頓，同樣是台北市民的損失，而「竹三案」新竹縣也因依法被迫終止契約，後續如何發展仍值得令人深省。

當人們談到30年來竹科一、二期的成就，必定聯想到工研院的貢獻，也會同時聯想到孫運璿及李國鼎，這些政府科技領導者遠見及對產業的瞭解及其強烈的責任心及使命感，30年後台灣已民主化，因選舉制度而形成精英政治，似乎只有國內外名校的碩博士才能擔負國家政治領導者，形成獨樹一格的政治生態，要執政必須贏得選票，選票來自群眾，而一般常識群眾是盲目的，且大部份缺乏政治細胞，是可以利用議題去切割的。

又因台灣民主政治缺乏政黨輪替的經驗，政務官任期如同五日京兆，而且又重用名校的學者擔任政務官，而產官學實務上是不同領域，如同生活在不同空間，學者學富五車，一定要是個讀書的料，而且還要資質優異，不是每個人做得到的，當官要處理眾人之事，得民心者得天下，必須

苦民所苦，才能深得民心，在庶民眼中，產業經營是在做生意，俗語說「狀元仔好生，生意仔難生」，做生意在瞬息萬變的競爭環境要有當機立斷的直覺及隨機應變的本能，這種似乎與生俱來的靈性及智慧，後天很難訓練，幾乎只能意會無法言傳的意境。

　　當科技政策領導者，認為目前全世界科技趨勢及環境，研究創新應放手讓企業自己發展，舉出台積電每年R&D費用高達400億，比工研院還多，但卻沒想到三星及台積電如無國家資源扶植及孵化，其基礎是怎麼建立起來的，以目前生態環境其規模是無法複製及模仿的。

　　因一項新的科技產業除了美國之外，企業本身要努力，更需要國家的政策扶植，才能克服過時的法制及僵化的官僚體系及本位主義的障礙，如政府不運用公權力及資源，塑造生長環境及解決困難，企業如何面對層層關卡。

　　何況當今台灣政治生態，令公務員動則得咎，明哲保身，形成不作為風氣，絕非政府官員口中放手讓企業自行發展的論調，企業沒有公權力，一個小小承辦人就能「依法行政」，把作業程序卡住，令人動彈不得。台灣科技人才濟濟，只缺乏有遠見瞭解企業困境，且握有政府資源的領導人，整合各部會的資源及力量，並廣納各界建言形成政策，建立共識積極推動協助企業創新研發。

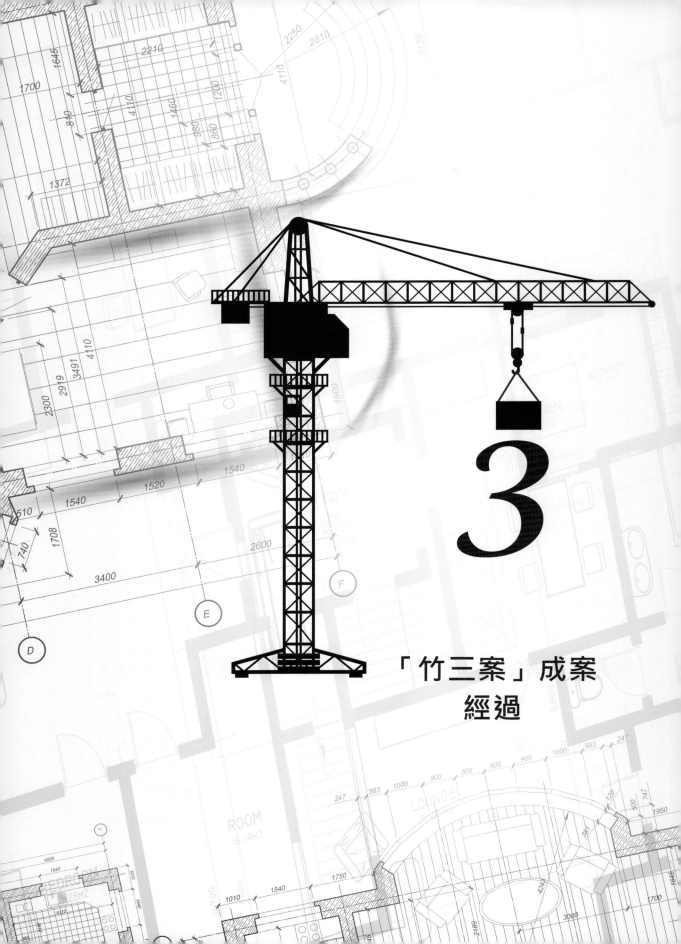

3

「竹三案」成案
經過

3 「竹三案」成案經過

3.1 台灣首次政黨輪替影響

我們看到新竹縣前縣長鄭永金當選新竹縣長於民國91年5月7日在新竹縣議會第十五屆第一次定期大會之縣長施政報告，以「打造兩兆雙星科技新都，開創縣民快樂生活福祉」，首先提到「科園三期」為首要重點工作，以「創造經濟榮景，推動核心工程」積極想為新竹縣做些政績，「縣轄園區三期發展計劃是現階段重點工作，本案若能盡速推成，勢必帶來週邊的繁榮，亦可為業主解決多年延宕的問題，預計在今年內透過都市計劃通盤檢討，讓竹東、寶山在整體考量下，做一合理規劃，使中興路二側、三期核心區、寶山週邊地區，依其區位特色給予合理發展，同時配合民間科學園區發展管理辦法，吸引廠商及地主共同開發或由管理局及本府開發，目前正研擬推動小組積極進行中，……同時縣府亦將主動提供交通、公共建設、環保及水電資源等輔導和服務，建立單一窗口以研討出最適合的解決方式，共創地主、廠商與縣府間三贏局面、讓企業在無後顧之憂中根留台灣、並創造數萬就業機會」。

新竹科學園第一及第二期對台灣科技及經濟發展的貢獻，有目共睹，而緊鄰的三期發展的思路更新更完整，但適逢台灣首次政黨輪替，中央由民進黨執政，鄭永金所屬國民黨已淪為在野黨，而民進黨首次執政，在位者雖然都是優秀的縣市級首長，具有豐富地方治理經驗，但整體國政仍在磨合階段，同時民主政治不免有選舉考量，也存在施政理念及優先順序的差異。竹科一、二期都是國科會主導的國家重大建設，由新竹科學園區管理局呈報中央推動，而新竹縣政府因舉債已達上限，竹科三期如無中央大

47

量人力、財力支持，根本無法編列開發預算，用一般工程招投標方式實現施政理想，只能借助民間力量吸引廠商投資，以類似促參條例方式，以土地交換條件共同開發。

　　但因涉及新竹科學園區特定區之土地徵收問題，經行文交涉於民國93年9月10日獲新竹科學工業園區管理局函：「本園區特定區屬貴轄竹東鎮土地，本局並無依「科學工業園區設置管理條例」辦理徵收開發之計劃……，至於貴府擬以「土地徵收條例」區段徵收方式辦理乙節，本局「樂觀其成」。但整個開發案係國家經濟建設及關連國家發展重點計劃，必須經過內政部同意及行政院核可。非新竹縣地方政府可以單獨決定。

3.2 新竹縣呈報內政部及行政院核准經過

　　「竹三案」之所以能夠成案，除了新竹前縣長鄭永金及其幕僚全力規劃，還有關心新竹縣地方發展科技業大老及地方人士積極奔走及溝通，因涉及科學工業園區之開發及都市計畫變更，內政部即邀集科學工業園區管理局及新竹縣府研商獲得4項決議：

1. 開發名稱可訂為「新竹科學園區特定區新竹縣竹東鎮區段徵收計劃」。
2. 計劃範圍、新竹縣辦理徵收開發，新竹科學園區管理局「樂觀其成」。
3. 為利區段徵收作業，通盤檢討盡速報內政部辦理審議。
4. 新竹縣政府將區段徵收開發後依法處理之剩餘土地專案讓售予參與廠商，以抵付其投入開發成本之開發模式，建請行政院「政策性原則同意」。

　　因此內政部即於93年11月10日以內授中辦地字第09307263441號及94年1月4日內授中辦地字第0930017483號函呈報行政院，於94年1月18日獲行政院院台建字第0940000417號函主旨：「所報關於新竹縣政府函報該府加速「國家經濟建設」，積極辦理新竹科學工業園區三期土地開發，引進民間資金參與辦理區段徵收，請先行專案核准該區規劃整理後依法處理之剩餘土地，全部以讓售方式由該參與廠商承受，以抵付其投入之開發成本並自負盈虧一案，同意照貴部辦理」，因此由新竹縣、內政部及行政院之規劃及認定「竹三案」是一項「國家經濟建設」，只是為減輕政府財政負責，才由行政院以專案方式「同意」之大型公共工程，並非一般由新竹縣政府主辦之土地開發案，因此任何廠商有機會拿到合約都應積極推動，整體工程才能獲得剩餘土地作為投資所得，我們看廣昌資產自96年6月取代志品科技坐上檯面簽約至今延宕八年，這段時間到底在做些甚麼事？如依台塑高階財務主管在檢調單位之作證事實「竹三案」至今尚未正式開工，廣昌資產已運用合約權力，竟然負債已超過30億元，廣昌資產

是「竹三案」委託開發公司，依規定專款專用，工程尚未開始，負債從何產生？原來廣昌資產得標後，雖然運用關係人信用取得銀行105億元聯貸同意書及交付履約保證金，但公司如同虛設行號，既無實質資本，也無員工，根本無力執行，除了拿合約書及銀行聯貸同意書到處兜售權利金外，還違背專款專用原則，用合約書向民間借5億元，因逾期敗訴還了8億元，向陽信銀行信用貸5億元，向國泰世華銀行借5億元，還侵佔其中3.5億元，被檢調單位提起公訴，最高法院判刑定讞。更離譜「竹三案」尚未動工，竟以預售土地方式向民間借款，被判敗訴還款，這些離譜的行徑全由以宏敏投資名義，借給廣昌資產公司30億元，填補這些原瑞隆公司虧損，卻由新成立之廣昌資產公司承擔，廣昌資產有能力、有責任還這巨額債務嗎？又衍生另一違約違法事件，「竹三案」這件獲利達百億之重大公共工程，是由多少人心血才能促成，卻被白白糟蹋，實在令人痛心疾首。

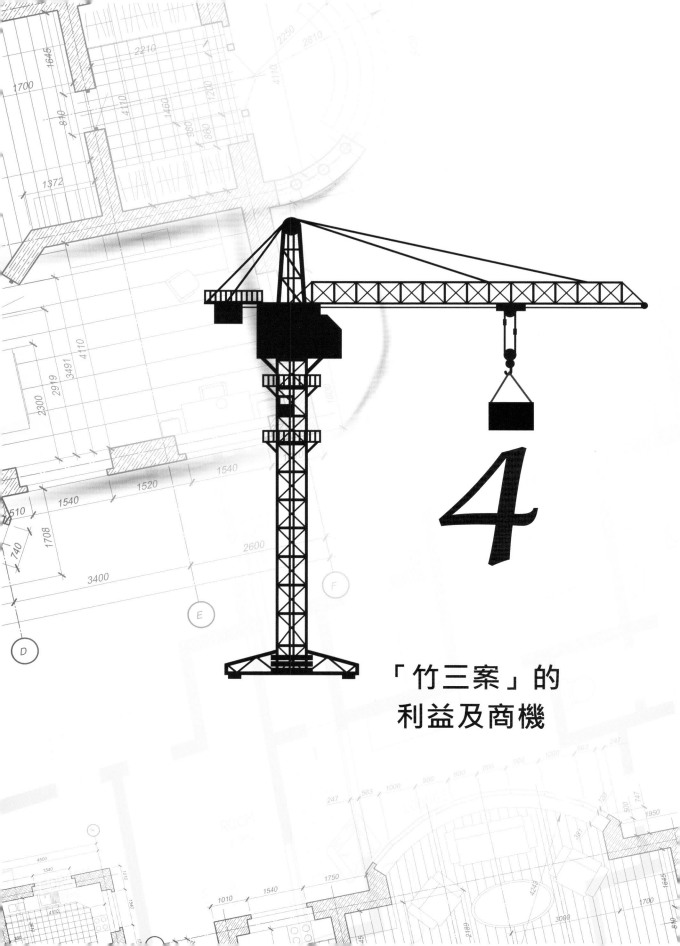

4

「竹三案」的
利益及商機

4 「竹三案」的利益及商機

　　「竹三案」的利益依土地使用計劃之背景與執行重點，可分為土地整地及公共基礎設施與土地使用開發利益及商機，企業永續經營的意義及商機等三個階段及層次。

4.1 「竹三案」土地整地及公共基礎設施投資利益

　　在資訊如此透明時代，任何大型開發案，必須兼顧在公開公平原則下，兼顧各方利益，才能順利推動，依土地分配假設（如圖4-1土地分配假設），區段面積約334.35公頃，公共設施比例127公頃，佔38.09%，抵價地發還比例為40%，私有土地所有權人申請抵價地比例為115.53公頃為90%，而產專區54.43公頃、住商區35.29公頃、零星工業區1.13公頃，計90.85公頃，則為投資開發商利益，以符合縣政府、地主及投資開發商三贏局面，而第一階段投資開發商整地及基礎設施開發投入成本及產出之利益，即獲得90.85公頃土地，此財務計劃在投資計劃書上有非常詳細的分析，許多新竹縣當地網友也非常熱忱計算及分析利益，大多關心分配是否合理，產生許多不同的版本，最令人有公信力的評估分析，是由七家主辦銀行及兼授信銀行等十家銀行團105億元聯合授信之財務分析資料較具客觀及權威性，而這十家銀行團之分析基本假設：

• 區徵面積由採購契約概估之334.3534公頃，調整為333.3793公頃。

• 私有土地所有權人與公有地管理機關申領抵價地比率為90%。

• 全區抵價地發還比例為40%。

• 私有地面積為320.9109公頃，公有地面積為12.4684公頃。

• 公設比為38.09%。

- 住商區土地推估單價為NT$11~13萬元/坪，產專區土地為NT$8萬元/坪。

- 開發總成本為NT$1,432,285萬元。

PHOTO 圖 4-1　土地分配假設圖

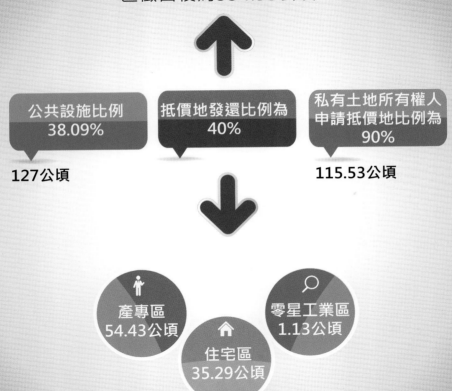

土地分配假設圖

4.1.1預估開發利益分析-Base Case

（一）區段徵收範圍

　　該開發案區段徵收面積為333.3793公頃，公有土地約12.4684公頃、私有土地320.9109公頃。依該公司細部計畫，規劃公共設施用地126.9994公頃（占38.09%）、土地使用分區206.3799公頃。

細部計劃	納入區段徵收面積（公頃）					
	公共設施	土地使用分區				合計
		住宅區	商業區	產專區	工業區	
	126.9994	139.6922	11.1264	54.4298	1.1315	333.3793

土地使用區分	206.3799
公共設施用地	126.9994
小　計	333.3793

私有土地	320.9109
公有土地	12.4684
小　計	333.3793

　　納入區段徵收面積333.3793公頃，扣除工業區1.1315公頃後（工業區土地所有權屬於政府），發放前區段徵收淨面積332.2478公頃。

發放前區段徵收淨面積（公頃）	土地使用區分	205.2484
	公共設施用地	126.9994
	小　計	332.2478

　　332.2478公頃再減除公共設施土地126.9994公頃後，可發放面積為205.2484公頃。

第一種住宅區（住一）	32.5989	
第二種住宅區（住二）	83.2239	150.8186
第三種住宅區（住三）	23.8694	
商業區	11.1264	
產業專用區（產業區）	54.4298	54.4298
合計	205.2484	205.2484

（二）開發完成後領回面積概算表

在假設抵價地申領比例為90%、發還比例為40%之情況下，發還面積為120.0165公頃，其中私有土地發還面積115.5279公頃。

	A	B	C = A * B
私有土地	320.9109	90% * 40%	115.5279
公有土地	12.4684	90% * 40%	4.4886
納入區段徵收面積	333.3793		120.0165

在抵價地發放完成後，開發商可領回土地約89.7205公頃（註1）。

土地使用區分		A 發還前面積	B = A - C 發還前面積	C = A* B 開發商領回面積	D（註2） 領回比例
住宅區	住一	32.5989	26.9599	5.6390	17.30%
	住二	83.2239	68.8276	14.3963	17.30%
	住三	23.8694	19.7404	4.1290	17.30%
小計		139.6922	115.5279	24.1643	17.30%
商業區		11.1264	0.0000	11.1264	100.00%
產專區		54.4298	0.0000	54.4298	100.00%
合計		205.2484	115.5279	89.7205	

註1：開發商領回面積89.7205公頃係未包含「零星工業區」1.1315公頃及「九項公設以外公共設施」用地1.6376公頃，故與表3-6區段徵收後土地分配模擬表中可領回面積92.4896公頃有所差異。

註2：住宅區領回比例計算（先求出D，再求出C，再求出B）

D =（ 139.6922 – 115.5279 ）÷ 139.6922 = 17.30%

D =（ 11.1264 – 0.0000 ）÷ 11.1264 = 100.00%

D =（ 54.4298 – 0.0000 ）÷ 54.4298 = 100.00%

住一、住二、住三再依此比例乘算即得。

（三）領回土地市值

開發商可領回土地89.7205公頃，依不同土地使用區分推估單價計算領回土地市值，則「領回土地」推估市價合計約2,862,944萬元，其中單單「產業專區」預估市值就達1,317,201萬元。

土地使用區分	A 領回面積（公頃）	B 1公頃=3,025坪	C= A * B 領回面積（坪）	D 推估單價（萬元/坪）	E = C * D 預估市值（萬元）	F 市值貢獻比%
住一	5.6390	3,025	17,058	11	187,639	6.55%
住二	14.3963	3,025	43,549	12	522,584	18.25%
住三	4.1290	3,025	12,490	13	162,372	5.67%
商業區	11.1264	3,025	33,657	20	673,147	23.51%
產專區	54.4298	3,025	164,650	8	1,317,201	46.01%
合計	89.7205		271,404		2,862,944	100%

（四）土地取得成本

在預估取得總成本為1,432,285萬元情形下，計算出不同使用區分之土地成本。

土地使用區分	A 領回面積（公頃）	B 預估分攤總成本（萬元）	C 市值貢獻比%	D = B * C 分攤成本（萬元）	E = D ÷ A 單位成本（萬元/坪）
住一	17,058	1,432,285	6.55%	93,873	5.50
住二	43,549	1,432,285	18.25%	261,441	6.00
住三	12,490	1,432,285	5.67%	81,232	6.50
商業區	33,657	1,432,285	23.51%	336,765	10.01
產專區	164,650	1,432,285	46.01%	658,975	4.00
合計	271,404		100%	1,432,285	5.28

（五）投資土地開發利益計算

在上述假設情境下，土地開發利益約1,430,659萬元。

土地使用區分	A	B	C	D = A * (B - C)	E
	領回面積（坪）	推估單價（萬元/坪）	單位成本（萬元/坪）	土地開發利益（萬元）	利益貢獻比%
住一	17,058	11	5.50	93,766	6.55%
住二	43,549	12	6.00	261,144	18.25%
住三	12,490	13	6.50	81,140	5.67%
商業區	33,657	20	10.01	336,382	23.51%
產專區	164,650	8	4.00	658,226	46.01%
合計	271,404			1,430,659	100%

預估財務分析

預估假設：

- 預估98年第二季取得產專區54.4298公頃、98年第四季取得住一、住三土地合計9.7680公頃，99年第四季取得住二、商業區土地25.5227公頃。

- 預估99年開始陸續處分銷售已取得之土地。

開發商預估未來土地銷售時程表整理如下：

年度	銷售土地	總市值（千元）	預計銷售成數	預計銷售金額（千元）
98	產專區	13,172,000	0%	0
99	產專區	13,172,000	40%	5,268,800
100	產專區	13,172,000	60%	7,903,200
	住一、三區	3,500,110	100%	3,500,110
101	住二、商業區	11,957,330	100%	11,957,330
				合計 28,629,440

　　一般都瞭解，銀行評估較為保守，主要對風險管控，在此前提下，土地開發利益為100%即143億元，而預計銷售金額達280億元，目前台灣還有哪一個開發案有此豐厚的利益，再回頭看志品科技慘重損失及整個「竹三案」歹戲拖棚的荒謬劇，實在令人痛心疾首。

4.2 「竹三案」土地使用開發利益及商機

　　「竹三案」土地使用開發利益及商機，有宏觀面也有個體面，從政府主管機關、私有土地所有權人及投資開發商，有立即的效益及未來深遠的正面發展影響。

4.2.1 政府及公有土地管理機關的利益

1. 重新啟動停滯近30年之科學園區特定區之發展，帶動新竹縣竹東鎮地區週邊建設及發展。
2. 依國家發展重點計劃及國土綜合開發計劃，打造一兼具科學園區、生態園區及舒適環保區域全新概念之科學園區，與竹科一、二期及竹北新區及新竹縣、市北部12個市鄉鎮相映發展，形成國際社會價值新趨勢，具有「文化、綠意、美質」之空間發展，創造吸引高科技研發環境，吸引全球科技人才定居，成為人才匯集地之科學城。

4.2.2 私有土地所有權人的利益

　　私有土地所有人包括原始土地執有人及投資養地的投資人，同樣解決閒置近30年的開發計劃，在另一角度反而因禍得福，因30年後今天的全球科技趨勢及台灣土地使用條件有了重大改變，如依30年前，甚至10年前的思維，擴大竹科一、二期延伸至竹科三期，土地被徵收，只是又多了幾間工廠，對私有土地所有人的意義不大，而依「竹三案」區徵涵義，全區抵價發還比例為40%，以國內以往開發案經驗，申領抵價地比率為90%，因此共享土地開發後之價值及商機。

4.2.3 投資開發商的利益及商機

　　投資開發商的利益及商機，投資土地開發利益143億元及預估銷售總市值286億元，僅為土地價值，而依原投資計劃及契約書，開發商領回土地，住一為17,058坪、住二為43,549坪、住三為12,490坪、商業區33,657坪、產專區164,650坪，共計271,404坪。

　　擁有土地只是第一階段，由工程公司進行土地開發及基礎設施投資所得，而後續發展必須成立資產管理公司，依土地使用分區強度管制之建蔽率％及容積率％，做深化及增值的開發，其利益將更為可觀，如僅將「竹三案」當做土地開發買賣或握有契約，兜售權利金或當作向銀行及民間借錢的工具，實在愚不可及，糊塗到極點之舉。

4.3 「竹三案」對企業發展的利益及商機

「竹三案」對企業發展到底有甚麼意義，由一封未寄出的信，可以看出端倪，信內容如下：

王董事長尊鑒：

有關「科學工業園區特定區新竹縣轄竹東鎮區段徵收委託開發案」，以下簡稱竹三案，簡要說明。

竹三案並非一般土地開發或工業區開發之綜合開發案，而是一件非常重要的商機，茲將投資計劃書，真正內涵簡述如下：

1. 竹三案實質為行政院特案批准之科學工業園區開發案，只要計劃與國家政策接軌，即能享受國家優惠待遇，本投資計劃之上位計劃，即為經建會國家發展重點計劃2002~2007年六年國家計劃中

   • 國際創新研發基地計劃

   • 產業高值化計劃及經建會國土綜合開發計劃。

2. 配合產業高值化計劃，竹三案成為國際創新研發基地，即為國家發展重點計劃一環與數位台灣計劃、營運總部計劃、e世代人才培育計劃相互呼應，將成為國際科技聚落與創新科技重鎮。

3. 台塑關係企業掌握此先機，應用台塑實力，再加上團隊資源，整合台灣及全世界未來研發方向，扮演科技門戶及整合者，在關鍵另組件材料、生醫科技成為新產品及新能源的創新者，建立今後五十年永續經營的基盤。

4. 環境、生活、未來為規劃願景，以環境及生態保護為首，公共空間景觀設計形成人與工作、自然與生活親切和諧關係，依循（綠

營建）規劃整個園區，以永續園區理念，架構未來型科學園區。

5. 竹三案如此難得，但要成功有三項關鍵：1.履行承諾，2.參與都市計劃，3.整合資源。

這封信因故而未能寄出，寫這封信動機是因喬揚公司入資志品科技方式，是以志品科技股票，由關係人信用以股條方式向銀行融資二億，因此實際出資者為關係人，以她的身份及台塑集團的地位，令志品科技有種與台塑集團有一定關係的幻覺，而這也是志品科技在毫無戒心下受創的主因之一。

王永慶先生創辦及經營台塑集團，身為經營之神的他，自然了解過去成功的經驗，目前利基、未來產業發展趨勢、石化能源終有枯竭的一天，能源性質也會隨著轉變，尤其台灣毫無天然資源，必須未雨綢繆，除石化產業外，高科技IC產業、汽車、生技產業、醫療、教育，甚至房地產等等，時時刻刻為企業注入新的生命。

企業永續經營，只有企業的創辦人才有危機及使命感，未來無論生技產業、高科技產品、未來替代能源產業，如無原創性智慧權，必將受制於人，如李國鼎所言「科技發展是經濟發展的原動力，企業是經濟發展的主體，國家依靠企業界的科技發展以提昇整體技術水準，企業本身除了引進外國技術，更必須努力投入研究發展活動。」以台塑集團規模及所掌握之資源，基本上長庚大學加上明志技術學院已具備基本研發團隊，以「竹三案」優勢再加上工研院及竹科一、二期資源，具備整合產學研究資源最佳優勢，未來科技發展能掌握整合資源者，必為最大贏家，以台塑集團石化起家，化工人才濟濟，在新能源開發如燃料電池、染料電池及再生能源，

以及奈米材料的投入，生醫產業基礎研發，未來數年內台塑「竹三研發中心」，如同三星之SAIT，所創造之智慧產權，必為台塑集團未來50年永續經營立下不敗基礎。

當我們看到三星與蘋果的煩惱是握有太多現金，而昔日許多電腦巨人，不是重整就是陷入嚴重虧損，產業生命週期循環，是每個經營者必須深思熟慮的大事，如果一直堅守或在成熟產業打轉，而不去追求成長產業，當產業生命週期結束或因產業過度發展供需失衡，企業必將面臨困境。

ICT產業如此，石化產業何況不是如此，地球數億年才能生成之石油及煤炭能源，人類在短短數百年內可能消耗殆盡，十年或二十年內替代能源、再生能源之技術，設備將逐漸成熟，到時候智慧財權及規格握在他人手裡，我們只能跟著別人腳步走。

因此「竹三案」對一企業絕非70億或100億的土地開發買賣收入，而是未來上千億商機及未來難以估計之智慧財產價值，這可能是當初承辦人未說明清楚之事。

依投資計劃書及契約內容，「竹三案」早已開發完成，進入第二階段，105億資金由關係人保證，喬揚投資已獲利，人的一生成敗，真是存在一念之間。

5

「竹三案」第一次
招標及第二次招標
及決標始末

5 「竹三案」第一次招標及第二次招標及決標始末

5.1 第一次投標及決標始末

　　「竹三案」於民國94年10月間，由榮久營造公司與宗典實業公司共同投標，以榮久營造為主標商，以「結合分包商」方式，以友力營造為首加上中興顧問、長豐工程、亞興測量及瑞昶科技，組成執行團隊，經「合法」招投標程序，取得標案。但與新竹縣政府簽訂承攬契約後，竟交不出履約保證金，也無法取得銀行融資證明。據了解連當初參與投標之押標金新台幣5,000萬都是友力營造提供。我們到經濟部網站看：榮久營造成立於民國65年，資本額新台幣500萬，依提供業主新竹縣政府之「整合計劃」，定位為「專案管理廠商」，負責設計審查、施工督導管理，但依契約內容卻實際負責執行一項超過百億元重大公共工程，獲利100%，高達140億的國家重大建設開發案。

　　榮久營造「合法」得標，手握與新竹縣政府簽訂之140億元承攬合約書，但依公司規模既無財力也無實力執行，只能拿合約書到處求援尋找金主及借錢，整個工程毫無進展，令新竹縣政府承辦單位頭痛不已。而實際出實績及出資的友力營造，眼見必遭解約，5,000萬押標金即遭沒入，因與台塑集團「關係密切」，請求王董事長協助，或因呈報內容涉及「區段徵收」之委託開發案，評估報告未說明透徹，據說遭王董事長批「太麻煩」三字，整個案在台塑集團被卡住。另一未揭露的訊息即榮久公司契約，據聞向銀行借了巨額貸款，誰接手都得面對這項債務。

友力營造負責人林正富與台塑王董事長女婿李宗昌熟悉，請其向老丈人解釋，另一方面協同拜會新竹縣長尋求以下包介入權方式解決方法。因而李宗昌得知此事，交由喬揚投資曾馨誼執行董事向具有豐富公共工程經驗之志品科技接洽，尋求與友力營造以介入權方式合作之可行性。經志品科技工程及法務部門評估及了解，公共工程依採購法得標之主標商即法定的合約廠商，如簽約後簽約人無力執行，係嚴重違約事件，依法只有解約重標一途，沒有所謂下包商介入權的法令規定，於95年7月間透過管道向新竹縣承辦單位及公共工程委員會諮詢，均得到相同的見解。

當友力營造計劃以介入權方式取代榮久，期望能說服台塑集團支持，並於95年6月13日赴新竹縣政府，商討榮久營造因財務問題，無法推行「竹三案」，而由友力公司以介入權方式繼續履行契約之可行性。卻不知另交代喬揚投資執行董事曾馨誼與志品科技聯絡，也計劃藉助志品科技長期在新竹科學園區在焚化爐工程及污水處理廠工程，由施工及地緣關係，開闢第二管道與新竹縣政府接洽，直接由台塑集團與志品科技組成實力團隊，尋求重新開標之可行性。以新竹縣府立場及目前遭遇之麻煩，對台塑集團工業區開發之經驗及財力加上志品科技工程實力，當然樂觀其成。因此安排於95年7月5日至新竹縣政府表達對「竹三案」開發強烈意願，雙方達成默許及期待，對榮久營造雖然違約，卻無違法事情，而友力營造介入權之請求，如此重大之公共工程，依採購法及公共工程相關規定，必須經過一定程序，因此新竹縣政府同意交公共工程委員會調解。於95年11月7日發文字號：工程訴字第09500432700號回函，主旨即「非政府採購法第85條之1所指之廠商，為當事人不適格，應不予受理。」

友力公司主張為締約廠商所指定之第一順位介入權人，而請求行使介入權繼續履約，但工程會在說明中明確指出，「依採購法第65條第1項明定「得標廠商應自行履行工程，勞務契約，不得轉包，契約介入權之約定

業已違反該項規定。」友力公司既非契約之締約當事人，又非採購法明定得以第三人地位繼續履約之保證人，即為當事人不適格」。

其實稍有公共工程實務經驗者均了解，依採購法及投標須知之規定，契約締約者即履約當事人，對象明確且不得轉包，只是新竹縣政府避免糾葛，同意友力公司向公共工程委員會申請爭議調解，依法有據。而實際上榮久營造因財務能力不足，連履約保證金都繳不出來，根本無能力履約，註遭被解約早成定局。

這是一般工程常識，但在法律上就有爭辯的空間，認為尚在爭議調解中，在未獲結論前，一切都屬未定因素，怎能如此主觀認定。社會上經常有爭論，原因就在不同的專業所形成之慣性思考，尤其立場不同，利害衝突之際，各有堅持，除非對事實瞭解非常透徹，否則要正確判斷誰是誰非，是一件不容易的事，法官之法律專業，除非也具有工程實務經驗，當看發文之日期在這之前任何認定都屬臆測，不足採信。因此所做判決，所依據的「心證」多屬法律觀點，只能說尊重，是一件無奈之事。

5.2 第二次投標始末

「竹三案」第一次投標，共同投標之兩家公司：榮久營造與宗典實業，竟能以專案管理廠商角色，整合資源，打通政商人脈，以合理標方式通過層層資格審查及專家學者評審，以一家資本額僅台幣500萬元的公司，合法取得「竹三案」高達140億元的契約。雖適逢政黨首次輪替的特殊環境與空間，也不得不佩服其運作手腕頗不簡單，無奈合約在手，卻欠東風，無法藉時勢造英雄，喪失千載難逢的機會，而抱著期待的新竹縣政府如同啞巴吃黃蓮，烏龍一場。

而第二次投標，新竹縣政府記取教訓，提高門檻，慎選廠商，原本對台塑集團加上志品科技及日本ORIX集團，抱著極大信心，豈知更是離譜，96年6月6日坐在檯面得標公司竟然是新成立之廣昌資產公司，簽訂契約後，至終止合約，延宕近八年，幾乎束手無策。對台塑集團當然僅屬可控制的損失，對志品科技卻是刻骨銘心毀滅性打擊，一場揮不去的夢魘。

雖然整個事件已成過去，如今資訊科技如此透明，歷史已無法扭曲，真相終會呈現世人面前，從95年1月13日與喬揚集團結緣，到102年2月22日「竹三案」被終止合約止，真是一齣歹戲拖棚的荒謬劇，將人性最醜陋的一面赤裸裸的抖露出來。

如果不是法院函調資料及「竹三案」衍生訴訟檢調單位搜證資料，還有雙方控訴及判決內容，幾乎無法將「竹三案」第二次投標始末連貫起來。

而一連串的事實，才徹底明白一開始與志品科技合作就是一個圈套，戴著台塑誠信起家的面具，以套、養、殺的狠毒手段，讓志品科技一步步走向絕境，以買空賣空手法取代志品科技簽訂契約，並不是要去履行工程合約，而是拿這143億契約，如何弄錢及借錢，要不是喬揚集團股東內鬨，相互控訴互揭瘡疤，提供公司內部帳務資料，加上檢查單位搜證及扣押資料，根本看不透在玩什麼把戲，當然過程令人匪夷所思，「竹三案」到目前為止的結局也令人痛心疾首，但留給社會一場值得警惕的教訓。

人生要「惜福」，機會在握應盡本份把事做好，如果心生邪念利慾薰心，必定誤人誤己，走正途才是王道，為求把事實真相呈現，為求連貫以編年表方式，摘取從95年1月13日與喬揚集團結緣至102年2月22日「竹三案」被新竹縣政府因違法終止合約止，整個歷程簡要敘述。

表 5-1 「竹三案」第二次投標主要事件及歷程表

年份	日期	主要事件	歷程說明
95年	1月13日	參加喬揚集團尾牙宴會	接受喬揚集團瑞隆科技執行長侯建中邀請參加喬揚集團在世貿聯誼社舉辦年終尾牙，宴會中介紹李宗昌、王瑞瑜及李宗學，並認識曾馨誼及王頌文。
	6月13日	友力公司拜會新竹縣政府	商討榮久營造財務問題，尋求友力公司在台塑支持以介入權方式推行後續履約，未獲支持。
	7月5日	喬揚投資拜會新竹縣政府	曾馨誼至志品科技說明「竹三案」，了解公共工程相關法令，要求志品科技協助安排拜會新竹縣政府表達開發「竹三案」意願。
	9月1日	志品科技與喬揚投資簽署「投資備忘錄」	投資備忘錄是否針對「竹三案」爭論已無意義，在場三人李宗昌、曾馨誼及李蜀濤決定各持一詞，至於是否協助志品科技開拓大陸業務及銀行融資，如果法官相信是令人無言以對之事。
	9月28日	喬揚投資開始向志品科技借錢	9月1日才簽訂投資備忘錄，立即向志品科技借4000萬元，當時非常驚訝，台塑駙馬爺到底出了什麼事，了解後才知道瑞隆科技弄了個大洞，已債務纏身，至96年4月10日設局志品科技跳票前尚有1.5億元未歸還，可惜這些證據均成為法官認定有瑕疵？不利被告之證據。
	11月18日	新竹縣竹北市江屋日本料理午宴	喬事情「飯局對了，事就成」，這是政商場合的常識，技巧在飯局前的安排及飯局後的協商，「竹三案」重新開標成敗關鍵除了主標廠商志品科技外，代表台塑集團關係人之銀行支持及日本ORIX集團自有資金提供，如果相信這只是一場一般社交午宴，是一件不必浪費口舌爭論之事。
	11月29日	志品科技成立新事業開發群及成立「竹三案」專案辦公室	志品科技在內湖瑞光路302號七樓成立「竹三案」專案辦公室，由原台塑主管張貞猷擔任志品科技新事業開發群總經理，張貞猷此人亦在98年6月2日另案親自作證。
	12月18日	喬揚集團以忠煦工程名義向志品科技借3000萬元	忠煦工程向志品科技借96年4月9日到期之3000萬元支票，向大眾銀行票貼，以應付喬揚集團銀行到期之債務，同時開立96年4月10日到期之保證票，以確保還款，不料卻埋下志品科技被設局跳票之伏筆。

年份	日期	主要事件	歷程說明
95年	12月27日	喬揚投資匯款入資志品科技	喬揚投資用股條以關係人保證方式向大眾銀行及台新銀行各借一億元現金，投資志品科技成為單一最大股東。
	12月29日	喬揚集團以保煌實業名義向志品借5500萬元	喬揚投資入資第二天稱「竹三案」要啟動，以保煌實業名義緊急調借5500萬元，志品科技財務長吳尚飛配合作業。

年份	日期	主要事件	歷程說明
96年	1月2日	喬揚集團以保煌實業名義向志品科技借6000萬元	事隔兩天又稱「竹三案」啟動，以保煌實業又向志品科技借6000萬元，這兩筆共計1.15億元資金，在自訴案訴訟期間，由第一組法官鄭昱仁調銀行金流，全部用於喬揚集團由關係人保證借款之到期款，甚至支付李宗昌信用卡及支付李宗學薪水。
	2月3日	志品科技95年年終暮年會	96年初志品科技全體同仁偕家人舉辦95年尾牙餐會，此時間在兩個月前已定，喬揚要求再配合舉辦聯合暮年會，主要邀請台塑高階主管及銀行界，為「竹三案」八十億融資意願書佈局，一是藉關係人的身份及台塑地位，另一是由志品科技人員拼場面。
	2月9日	喬揚集團邀志品科技舉辦聯合暮年餐會	
	3月8日	志品科技與廣昌建設簽訂「竹三案」共同投標協議書	「竹三案」為合理標三項關鍵條件 一、以志品科技為主標商之投標團隊。 二、投資計劃書。 三、八十億銀行融資同意書。 協議分工，志品科技負責團隊及技術並準備投資計劃書，廣昌建設負責由關係人保證向銀行取得八十億融資同意
	3月14日	「竹三案」第一次投標流標	依採購法公開招標第一次必須三家以上參加，因只有志品科技團隊備妥投標文件、投資計劃書及銀行融資協議書，因此流標，而第二次招標，只要一家參與即能開標及決標。
	3月15日	廣昌資產公司成立	一家在第一次流標後成立之公司，雖然登記資本額三億，毫無實績亦無正式員工，竟然能取得143億元重大公共工程契約，任憑如何陳述，法官一點也不覺得奇怪？

年份	日期	主要事件	歷程說明
96年	4月7日	喬揚投資執行董事曾馨誼代表李宗昌至志品承諾雙方抽回3000萬支票	曾馨誼至志品科技財務長協商雙方抽回95年12月雙方開出96年4月9日及4月10日之支票，卻隱瞞志品科技開出之3000萬支票已向大眾銀行票貼，根本無法抽回之事實。
	4月10日	志品科技無預警3000萬巨額跳票	4月10日當天志品科技財務長吳尚飛早知忠煦工程已票貼無法抽回，喬揚投資向志品科技借款尚有1.5億元未還，而忠煦工程4月10日之3000萬支票卻仍鎖在吳尚飛保險櫃中，自己卻隻身至台塑大樓等3,000萬現金，與曾馨誼合演一場苦肉計之惡毒戲碼，吃裡扒外莫此為甚。
	4月11日	志品回補3,000萬至彰化銀行城東分行	4月11日親至台塑大樓理論，李宗昌承諾疏失，答應與關係人共同協助一週內歸還向志品科技借之未還之1.5億元，並協助恢復銀行信用，並由台塑生醫調1,000萬元回補銀行。
	4月13日	志品發文新竹縣政府	志品已跳票，半年內無法開出無退票證明當主標商，為顧大局發文給新竹縣政府，為新成立廣昌資產尋求途徑，如同被賣了還幫忙數鈔票，愚昧至極。
	4月20日	志品與廣昌資產簽訂分包廠商參與同意書	以廣昌資產為代表廠商，結合志品科技第一次投標的團隊，將投資計劃書改為廣昌資產，銀行80億元融資同意書由廣昌建設改為廣昌資產，第二次只要一家即能順利投標。
	5月15日	廣昌資產正式得標「竹三案」143億工程	依採購法第二次投標只要一家參加即能依法開標及決標，廣昌資產利用志品科技之投標團隊，備妥之投資計劃書及銀行80億融資意願書，順利通過資格審查及專家評審順利得標。
	5月15日	志品為推動「竹三案」將內科瑞光路302號七樓辦公室以2.3億元轉讓大股東喬揚投資公司	「竹三案」雖由廣昌資產得標，但新成立之公司無任何正式員工，因此以實際執行名義將喬揚集團旗下之廣昌資產、忠煦、保煌等公司搬至志品瑞光路辦公室統一辦公，並要求將七樓轉讓喬揚投資公司，因重大資產志品還召開臨時董事會及股東會通過。
	6月6日	廣昌資產正式與新竹縣政府簽訂「竹三案」143億元契約	廣昌資產正式與新竹縣政府簽訂契約，並呈報主要分包商志品科技、德昌營造及中興工程顧問等主要分包商。

年份	日期	主要事件	歷程說明
96年	6月7日	喬揚投資將原志品辦公室以5.5億售予廣昌資產	不到一個月喬揚投資竟將原志品科技七樓辦公室含46個車位，轉手讓予廣昌資產5.5億，在不到一個月獲利3.2億，要不是檢調單位蒐證，根本不知此事，事後分析廣昌資產根本在「玩工程」，而不是要履行契約。對志品而言大股東竟然「乘火打劫」，令人痛心。
	6月14日	廣昌資產與志品簽訂37億「竹三案」分包合約	依「竹三案」投標須知，代表廠商必須呈報主要分包商，因此與志品科技簽訂一份37億分包合約，至此志品科技只能委屈求全，降低公司損失。
	6月21日	廣昌資產與廣昌建設簽訂一份預定土地買賣契約書	廣昌資產與廣昌建設訂一份土地買賣契約書，將規劃中屬於商業區之土地全部面積98,434平方公尺、29,776坪以每坪18萬元共計53億5,968萬元土地尚未區段徵收，而且自己賣給自己，視法律為無物，真是異想天開，無法想像亞朔開發如何執行管理契約，實在令人尋味。
	9月26日	廣昌資產取得銀行團聯貸105億同意書	因關係人保證廣昌資產順利取得由合作金庫為首等12家銀行台幣105億聯合授信。

年份	日期	主要事件	歷程說明
97年	1月31日	媒體報導李宗昌、王瑞瑜辦理「離婚」手續	媒體稱與「竹三案」百億開發案有關，李宗昌向媒體稱「離婚」是財務上的運作，事實真象只有當事人才知道。
	2月15日	廣昌資產以存證信函終止與志品37億合約	李宗昌、王瑞瑜辦理離婚手續後，廣昌資產竟以財務不佳為由，終止與志品科技37億合約，志品至此才知這一段時間李宗昌所有承諾都是謊言，甚至將一切推給喬揚集團「不肖財務人員」曾馨誼、王頌文，而曾馨誼手握98年到期之3.1億巨額支票，讓人見識到巨賈手段之精明。
	10月15日	台灣經營之神王永慶逝世	志品科技一方面還抱著協商機會，以免玉石俱焚，直至10月才放棄希望，不料王永慶逝世，死者為大，延遲至入土為安才提告。

年份	日期	主要事件	歷程說明
98年	6月11日	台塑集團正式派高階主管擔任廣昌資產董監事	廣昌資產董事會改組，由台塑集團高階主管雷震霄、張復寧擔任董事，律師林志忠擔任監察人，廣昌資產實際上已由亞朔開發掌握。

年份	日期	主要事件	歷程說明
98年	6月22日	志品控告李宗昌、王瑞瑜、李宗學背信、詐欺及妨害信用	志品科技無奈之際向台北地院以自訴方式刑事控告李宗昌、王瑞瑜、李宗學背信、詐欺取財、詐欺得利及妨害信用。

年份	日期	主要事件	歷程說明
99年	5月18日	台北地院開庭審理	由於證據薄弱幾乎無法成案,所幸受命法官鄭昱仁函調銀行金流,連貫關鍵事證,才進入審理階段,地院開庭審理,審判長黃程暉、受命法官鄭昱仁、陪審法官吳勇毅,對案情了解非常透徹,讓形同身處大海茫茫之志品科技,彷彿看到了燈塔。

年份	日期	主要事件	歷程說明
100年	2月24日	台北地院更換法官重新開庭審理	因不明原因更換法官,改由審判長吳俊龍、受命法官葉藍鸚、陪審法官陳倩儀審理。
	6月7日	李宗昌、李宗謀金重訴案之侵佔等案件偵查終結提起公訴	李宗昌、李宗學、李宗謀因金重訴案之侵佔等案件,偵查終結,並提出犯罪事實及證據,提起公訴。
	6月14日	關係人在金重訴案出庭作證	關係人在自訴案中否認之事情,在99年度偵字第3264、14236號詐欺案於台北地檢署法庭作證時卻不得做偽證,坦承「竹三案」信託亞朔開發管理及宏敏公司資金動用必須經過自己同意。
	6月17日	台塑高階財務主管饒見方在另案出庭作證	陳述王永慶還在世時護女心切,被指示高達30幾億借款給宏敏公司,再轉借給李宗昌、李宗學列為應收款,廣昌資產尚未營運竟然承擔30幾億的負債,已違反契約專款專用原則。
	7月9日	馬總統高雄長庚醫院王永慶銅像剪綵	「竹三案」宣判之前,在聯合報頭版頭條看到馬總統右挽王瑞瑜,左挽三娘李寶珠照片,「三娘迎馬」及台灣時報李寶珠高規格接待馬的新聞及報導,如果解讀「前進綠營票倉」未免太天真,對志品科技之員工、股東、協力商受害數千人,真是情何以堪。
	7月14日	台北地院宣判	宣判李宗昌、王瑞瑜、李宗學被訴妨害信用罪部份均自訴不受理,被訴詐欺取財、詐欺得利及背信部份均無罪。

年份	日期	主要事件	歷程說明
101年	4月30日	台灣高等法院宣判	高院上訴駁回，形同「竹三案」廣昌資產合法取得？

年份	日期	主要事件	歷程說明
102年	1月2日	李宗昌、李宗學、李宗謀金重訴案之侵佔等罪判刑定讞，李宗昌、李宗學違反公司法，違反競標判刑定讞	天網恢恢疏而不漏，在志品科技自訴案中安然無事，但在金重訴案件中因檢調單位鐵證如山，因侵佔等罪及違反公司法、違反競標等罪判刑定讞。
	2月22日	新竹縣政府終止「竹三案」契約	新竹縣政府以涉及偽造變造投標文件，違反採購法通知終止合約。這並不是志品科技樂見的結果，但暴露出台灣重大科技發展相關計劃，老是所托非人，以及社會一些脫序現象，令人束手無策，值得警惕。

6

「竹三案」為何
停擺至今的內幕

6 「竹三案」為何停擺至今的內幕

6.1 志品科技與廣昌資產兩家公司實況比較

要瞭解「竹三案」為何延宕至今的原因，是一件當今台灣社會無奈之事，因縱然有人存心為非作歹，也要有環境與機會，否則無機可乘，從政治生態、社會氛圍、法律制度、行政體系、公務人員心態及主管單位行事風格逐一視查，不難發現「竹三案」絕不是單一偶發事件，在之前可能不知發生多少次，目前最典型的案例即「台北市太極雙星案」，今後如不反省改進，還可能有不同型態類似的案件會發生，而這種事為什麼會發生在台灣，自認法律制度完備的社會，只要將96年4月份志品科技及廣昌資產當時兩家公司實況作一比較（表6.1-1），就一定會覺得怎麼有這種事。

「竹三案」在96年3月12日第二度第一次開標，因不足三家依採購法規定而流標，依法第二次開標，只要一家即可議決，而在96年4月12日開標前於96年3月15日匆匆成立，而且只是一家空殼公司，怎麼能以採購法最有利標形式得到「竹三案」143億元規模的超級大案，這麼離譜的事，難道沒有絲毫詐術成份？

在自訴期間，台北地院第一組法官，雖然以背信控訴幾乎無法構成要件，但認為有問題，主動調閱相關資料，進入審理程序，而這一組法官被一般庶民不瞭解的原因更換後第二組法官甚至到高院法官，無論你怎麼說明及提供證據，法官判決似乎仍然依被告辯護說詞及既有的「心證」，我們只好尊重，而且不願再耗費無謂的司法資源。如今「竹三案」因違法被

終止合約，對志品科技員工、股東及協力廠、上萬家庭的傷害及對社會造成的損害，我們期望這些法官再回頭看看自己的判決，有無反省的空間，還是在當時什麼情況下，什麼樣的「心證」做出的判斷。

表 6.1-1　志品科技與廣昌資產兩家公司實況比較表

項目	志品科技	廣昌資產	備　註
1. 公司成立	民國76年7月30日	民國96年3月15日	竹三案96年3月12日第一次開標流標後成立
2. 公司形態	公開發行興櫃公司 股東含法人418人	股份有限公司 股東5人	李宗昌、李宗學、張貞猷等5人
3. 公司資本	實收資本額8億	借資3億登記	公司共同負責人違反公司法起訴，判刑定讞
4. 公司員工	718人	0	
5. 銀行信用額度	23億	0	
6. 公司資產及證照	1.環境保護工程專業營造資格 2.甲級電器承裝業登記執照 3.冷凍空調工程執照 4.消防工程執照 5.水管工程執照 6.自來水管承裝執照	無	
7. 公會資格	1.台灣區環境工會甲級會員 2.電氣商業同業公會 3.台灣區機器工業同業公會 4.潔淨技術協會 5.企業環境保護協會 6.燃燒學會	無	
8. 認證	ISO 9001:2000 ISO 14001:2004 OHSAS 18001	無	

9. 96年4月份止最近10年公司重大實績	一、環保類 1.新竹焚化爐900噸/日機電統包含純水及污水處理工程 2.八里焚化爐1350噸/日機電統包工程含純水 3.長庚醫院醫療廢棄物焚化爐 4.新竹科學園區污泥焚化爐90噸/日 5.新竹科學園區第二期工業廢水處理廠3萬噸/日 二、高科技類 1.劍騰4.5代TFT彩色濾光片廠機電統包工程 2.華映4.5代TFT彩色濾光片廠機電統包工程含純水及廢水處理工程 3.華映6代TFT彩色濾光片廠機電統包工程含純水及廢水處理工程 4.廣輝5代TFT廢水處理廠工程	無	
10. 96年4月份在建工程	一、環保類 1.竹南科學園區污水處理廠工程統包工程 2.台中科學園區污水處理工程統包工程 3.茂德科技12" 晶圓廠污水處理工程 4.美商康寧玻璃廠PA系統工程 二、高科技及機電類 1.南亞科技12" 晶圓廠機電工程 2.華亞科技機電工程 3.日商NEG台中廠統包工程 4.南港展覽館水電工程 5.國道高速公路南區號誌工程	無	

6.2 廣昌資產及成員不合常理行為

政府公共工程依採購法最有利標的目的，是經過嚴謹資格審查及專家學者公開公平評審，選出最有實力及執行力者，才能忠實履約完成工程。而廣昌資產就是在目前之法律制度、行政體系及評選過程獲得契約的？乍看之下，一切合法，但誰是人頭、誰是操盤手、誰是幕後金主、誰在主持大計，不但面貌不詳，真相更撲朔迷離，真是經典之作。而最近台北市「太極雙星案」，似乎是「竹三案」的山寨版，但整個構思類似，分工雖然細膩，但整體策略不夠周詳。縱然有人認為有黑道背景者參與，基本上只是想買空賣空發點財，卻沒有陷害人。其實目前台灣社會，無論黑道白道幾乎「道亦有道」，可怕的是非黑非白的「灰道」，只有揭開面具，才知道真面目。

我們不是法官，「竹三案」一系列違反社會公平正義行為，不能認定違法，但政府公共工程依採購法招標，都有周詳的投標須知及採購法相關規定，是不能違背的。

我們將太極雙星案與「竹三案」作一比較，如表6.2-1有許多共同點都是國家重大開發案，但過程令人匪夷所思，幾乎都是匆匆成立之空殼公司，既無實質資金、無員工也更無任何實績，只要詐稱背後有龐大國際後援，就能一路過關斬將，通過層層審查，就取得優先權或契約，結局都以毀約及違約收場，令台北市及新竹縣民留下遺憾。

表 6.2-1　「竹三案」與太極雙星國際開發案比較表

項目	廣昌資產	太極雙星國際開發	備 註
1.公司成立	96年3月	100年12月	在投標前成立
2.公司資本額	3億	7,000萬	均以借資方式登記及歸還
3.幕後金主	王瑞瑜	程宏道	
4.得標時主要股東	李宗昌、李宗學、郭庭瑞、郭庭福	何岳儒、劉文耀、程宏道	郭庭瑞、郭庭福為喬揚投資執行董事曾馨誼之子，佔30%股份
5.獲得契約手段	1.由志品科技主標，台塑集團實力支持(銀行聯貸)及日本ORIX自有資金40億提供。2.成立廣昌資產，陷害志品科技跳票，以結合下包方式獲得契約。	聲稱日本森集團及馬來西亞怡保花園集團參與及資金技術支持，獲得優先議價權。	
6.得標後股東更動	1.為排除曾馨誼30%股份，自首、自承入資不實。2.操作將3億資本減資成200元，再向宏敏投資借資3億增資後再歸還。3.股東之間互控詐欺侵佔、偽造不實證券、偽造文書等。	內閣	宏敏投資負責人王瑞瑜

7.公司及成員脫序行為	1.廣昌資產以5.5億向喬揚公司購買原志品瑞光路302號7樓及停車位獲利3.2億。 2.以竹三案契約為工具，向民間借5億，結果還了8億，而且敗訴。 3.利用契約向國泰世華銀借款5億，其中3.5億涉嫌侵佔被提起公訴，並判刑定讞。 4.工程尚未動工，亦未辦理區段徵收，竟以賣地方式向台中陳某借1.2億，並敗訴。 5.公司共同負責人李宗學、李宗昌違反公司法、違反競標判刑定讞。 6.廣昌資產為工具，承擔集團及個人債務近30億。		原志品科技單一最大股東喬揚投資，以共同執行「竹三案」協議以2.3億轉讓，志品科技保留追訴詐欺權力。
8.公司類似違法行為	1.以不適格公司替代志品公司，上報新竹縣政府。 2.無財力、人力執行，實際由台塑集團亞朔開發接手。 3.國家重大公共工程，以設計變更方式延誤8年未正式動工。		
9.結局	新竹縣以涉及偽造變造投標文件違反採購法，於102年2月22日通知終止契約。	毀約、破局，相關人移送法辦。	

　　再看「竹三案」衍生的訴訟，怵目驚心，不但荒唐更是可怕，一齣醜劇、鬧劇，對志品科技更是悲劇一場。

6.3 志品科技刑事控訴及新竹縣政府的無奈

「竹三案」固然是志品科技的悲劇，對新竹縣政府尤其前縣長鄭永金先生而言，何嘗不是一場夢魘，在第一次以最有利標招標，得標廠商榮久公司耍個大烏龍，提高門檻慎選廠商，以為志品科技、台塑集團及日本ORIX公司參與，形成強有力號召，不但能替自己在任內建立政績，更能替新竹縣民帶來福祉，哪知道最後走上檯面簽約卻是廣昌資產公司，表面上公司實質負責人李宗昌既是台塑集團駙馬，又是志品科技單一最大股東，理應沒有問題，結果縣長二屆任期8年卻未正式動工，不但留下遺憾，更令為「竹三案」成案過程奔走的新竹地方人士包括中美榮砂石場負責人袁阿井及眾多參與人士不堪回首，而所有參與規劃設計之團隊投入也遲遲看不到成果。

「竹三案」第一次得標廠商榮久營造公司因交不出履約保證金而遭解約，廣昌資產因有關係人支持，簽約後立即提出5億元銀行保證函，而依約呈報之主要下包商為志品科技及德昌營造，本以為廣昌資產可順利履約推動工程，豈知遲遲不動工，深入瞭解後，才知道廣昌資產到處「招商」募集資金，而代表台塑集團支持力量之張貞猷離職，負責喬揚投資負責聯繫工作之曾馨誼也離開廣昌資產。而主要下包商志品科技慘遭設局跳票，陷入財務危機，出面者竟然是投標過程從未參與的李宗學，因不瞭解來龍去脈，既不瞭解「竹三案」意義，也不知道開發目的及應盡之責任及義務，對所有承諾一概不承認，每次會議雞同鴨講，毫無進展，這與95年11月18日雙方在竹北江屋宴之承諾及默契完全不符而且離譜，令承辦單位頭痛不已，接著李宗昌與王瑞瑜辦理離婚切割責任，表面上「竹三案」與台塑已無關連，而網路上甚傳一個資本額僅3億元的公司，又無後援怎執行143億元大案，懷疑是新竹縣政府替廣昌資產量身訂造，如果一般網民知道連3億元的資本額都是借款登記，而且早就還給金主，根本是一個買空

賣空的空殼公司，以當時政治生態及社會氛圍，早就鬧得不可收拾了。

　　志品科技百般無奈提出刑事自訴，先僅控告背信，再追加詐欺取財、詐欺得利及妨害信用，因從頭參與組織投標團隊，撰寫投資計劃書之所有過程，所有事證及陳述非常詳盡，再加上廣昌資產股東間內鬨衍生一連串刑事民事訴訟，新竹縣逐漸知道事實真相，雖然台塑集團之亞朔開發出面形同實質接手，但依政府採購法得標簽約公司是廣昌資產，替代與法不符又不能轉包，又逢任期屆滿面臨縣長提名爭取及選舉，為避免產生不必要的麻煩又繼續延宕，前新竹縣長鄭永金先生原本期待縣長政績及對縣民的承諾，不但「啞巴壓死仔」，甚至像「椅子夾住LP，站也不是，坐也不是」，還好沒在任上決定違法終止契約，否則不知如何向縣民及行政院交代。

6.4 選舉更替，亞朔開發接手及設計變更內幕

　　「竹三案」在新竹縣長鄭永金第一任當選期間，積極爭取推動「竹三案」，但由於第一次得標廠商榮久公司耍個大烏龍，得到教訓，第二次以為志品科技加上台塑集團支持，海外日本ORIX自我資金提供，依原計劃在第二任結束前，建立顯著的政績，怎無奈得標廠商竟是空殼公司廣昌資產，在任期結束前仍未正式動工。

　　而新當選縣長邱鏡淳也認為「竹三案」是一項對新竹縣及國家能做出重大貢獻的工程開發案，但廣昌資產及成員不但官司纏身，根本尚未正式動工，公司負債已高達30幾億，實質推動者為亞朔開發，縣府覺得「竹三案」帶來一絲生機，但亞朔開發卻無法擺平廣昌資產，由102年元月21日廣昌資產以廣字第10201004號函發文新竹縣政府；「……本契約所繫屬之開發權，並未包括於本公司委託亞朔公司管理契約所涵蓋之範圍內，……」，令新竹縣政府無所適從，又瞭解志品科技受創原因及廣昌資產違約事實。

　　另一項「竹三案」推動要項為都市細部規劃設計必須經過內政部營建署批准，而「竹三案」尚未動工已進行細部設計變更，其內容依概念設計之原得標之投資計劃書與變更細部設計比較，詳如圖（6.4-1）設計變更後交通系統示意圖及土地使用細部計劃面積分配之變動表及專案讓售予投資者土地面積變動表（6.4-2），將土地面積變動表與原依概念設計之投資計劃書內容，亦即96年6月簽約內容之計劃面積做一比較，如表（6.4-3）土地使用細部計畫面積分配變動表及備註說明即能了解這段時間另一延宕之原因，留給社會大眾自行判讀。

而廣昌資產公司共同負責人李宗昌、李宗學、李宗謀違法事實，經最高法院判刑定讞，不得已在2013年2月22日決定以涉嫌偽造投標文件及涉有違反政府採購法第87條第3項罪嫌，終止契約。

圖 6.4-1　本細部計畫交通系統示意圖

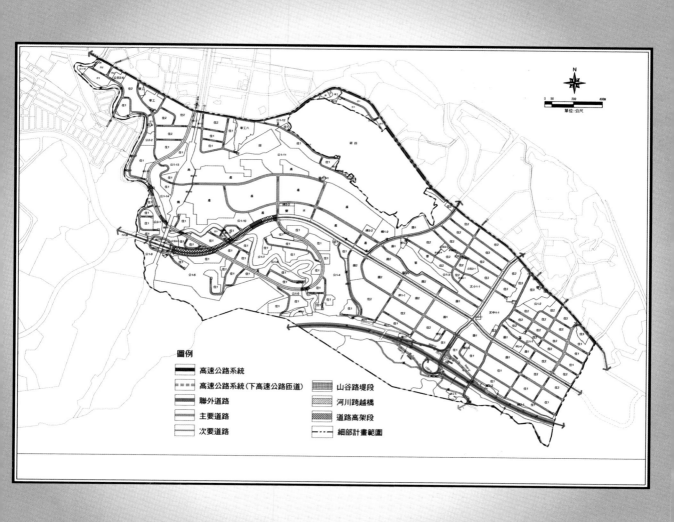

表 6.4-2　專案讓售予投資者土地面積變動表

項　目	投資計劃書模擬面積（公頃）	細部計劃預估面積（公頃）	
抵價地分配完成後剩餘住商土地	35.2907		
地主領回抵價地後其餘可供建築土地（第1.2種住宅區及第1種商業區）		6.1119	
第2種住宅區		4.6762	預留完整街廓
第2種商業區		11.4765	預留完整街廓
產業專用區	54.4298	38.2107	預留完整街廓
工業區	1.1315	0.2842	
公共設施用地	1.6376		九項以外公共設施
天然氣設施專用區		0.2082	
灌溉設施專用區		0.3727	
加油站專用區		0.2067	
瓦斯減壓站專用區		0.0427	
小計	92.4896 / 90.8520	61.5895	含九項以外公設

專案讓售予投資者土地面積

說明：

依99年4月新竹縣政府公布之細部設計，區段徵收財務計劃、專案讓售予投資者土地面積，由原投資計劃書之90.8520公頃（不含公設）減為61.5895公頃，主要因素為增設高速公路匝道系統，如圖6.4-1及變更商業區及住宅區面積，並預留完整街廓供廠商開發使用。

土地增值平均土地成本約為每坪140,218元至174,223元之間，對投資者更為有利。

表 6.4-3　土地使用細部計劃面積分配變動表

土地使用項目		擬定細部計劃(一)		細部計劃(二)		細部計劃(三)	
		計劃面積(公頃)	百分比%	面積(公頃)	百分比%	面積(公頃)	百分比%
研究專用區		42.4570	9.35				
住宅區	第一種住宅區	32.5989	7.18	67.3676	16.39	62.6120	15.23
	第二種住宅區	87.1002	19.18	58.3779	14.20	54.0334	13.14
	第三種住宅區	23.5989	5.26	3.9448	0.96	3.9448	0.96
小計		143.5689	31.62	129.6903	31.55	120.5902	29.33
商業區	商業區	11.1264	2.45				
	第一種商業區			9.9266	2.43	14.3691	3.50
	第二種商業區			7.5105	1.83	11.4765	2.79
小計		11.1264	2.45	17.4371	4.25	25.8456	6.29
工業區		1.1315	0.25	0.2842	0.07	0.2842	0.07
零星工業區		6.1430	1.35	5.9281	1.44	4.2836	1.04
產業專業區		54.4298	11.99	38.2107	9.30	38.2107	9.29
保護區		41.3519	9.11	27.6362	6.72	15.7555	3.83
農業區				10.0916	2.46	18.7765	4.57
客家農業休閒專用區				3.3636	0.82	4.000	0.97
加油站專用區				0.2607	0.05	0.2607	0.05
天然氣設施專用區				0.2082	0.05	0.2082	0.05
瓦斯減壓站專用區				0.0424	0.01	0.0424	0.01
灌溉設施專用區				1.0032	0.24	1.2044	0.29
河川區(排水使用)						8.7656	2.13
河川區(排水使用)兼供道路使用						0.4446	0.11
		300.2081	66.12	234.1023	56.96	238.6182	58.04
機關用地		1.6381	0.36	1.6507	0.40	1.6507	0.40
文小用地		5.6532	1.25	2.0000	0.49	2.0000	0.49
文中用地		4.2586	0.94	4.1167	1.00	4.0454	0.98
公園用地		36.8635	8.12	67.4656	16.41	65.9204	16.03
公園兼兒童遊樂場用地		0.5313	0.12	2.7345	0.67	2.2762	0.55
公園兼滯洪池用地		0.6957	0.15				
綠地用地		14.6860	3.23	5.0180	1.22	4.9150	1.20
園道用地		3.9984	0.88				

土地使用分區						
廣場用地			0.0021	0.00	0.0457	0.01
停車場用地	0.7257	0.16	1.9571	0.48	2.6375	0.64
廣場兼停車場用地	2.2069	0.49				
兒童遊樂場用地	3.0009	0.66				
綠色自行車步道用地			0.1335	0.03	0.1228	0.03
電力事業用地			0.1491	0.04	0.1491	0.04
變電所用地	1.1427	0.25	0.6591	0.16	0.6591	0.16
電路鐵塔用地	0.0762	0.02				
水資源回收處理	3.2334	0.71	3.2300	0.79	3.2300	0.79
中心用地自來水事業用地			1.1020	0.27	1.1020	0.27
市場用地	0.6090	0.13				
高速鐵路用地	6.6214	1.46	6.6326	1.61	6.6326	1.61
道路用地	62.8960	13.85	53.2300	12.95	54.9209	13.36
河道用地	5.0120	1.10				
高速公路用地			17.5243	4.26	21.9716	5.34
高速公路兼供道路使用			0.0878	0.02	0.1363	0.03
高速公路兼供灌溉使用					0.0879	0.02
河川區(排水使用)			8.7656	2.13		
河川區(排水使用)兼供道路使用			0.4446	0.11		
合計	153.8490	33.88	176.9032	43.04	172.5032	41.96
都市發展用地面積	333.3793		363.0643		366.1748	
計劃總面積	454.0571		411.0055	100	411.1214	100

註

1. 細部計劃（一）為96年4月依招標文件第二冊96年2月之概念設計為依據。
2. 細部計劃（二）為98年9月由長豐工程顧問公司提出之細部計劃。
3. 細部計劃（三）為99年4月由新竹縣政府公布之細部計劃書。
4. 計劃總面積細部計劃（一）與細部計劃（二）（三）之差異，為未將原工研院42.4570公頃園區計劃列入計劃。
5. 細部計劃（二）（三）之百分比為佔總計劃面積比例，而非佔都市發展用地面積百分比（％）。
6.99年4月之細部計劃，最終應以內政部營運署核定為準。

7

「竹三案」衍生
的司法訴訟

7 「竹三案」衍生的司法訴訟

7.1 耗費龐大社會成本

「竹三案」衍生的刑事及民事案件

　　一件對台灣科技發展具有重大意義的「竹三案」，竟然演變成一連串歹戲拖棚荒謬劇，不但扭曲台灣普世價值，也虛耗龐大社成本，印證人為財死，鳥為食亡，這一利益超過百億的誘惑，將人性貪婪及醜陋本質所形成複雜面目，展現無遺，茲將衍生司法事件詳如附表7-1。

表 7-1　衍生司法事件表

編號	案 件	案 號	原告、告訴人 /被 告
1	背信等	北院98自35 北院 98自88	志品科技股份有限公司/ 李宗昌、王瑞瑜、李宗學
2	因背信案附帶民訴	北院99重附民40 北院99重附民41	志品科技股份有限公司/ 李宗昌、王瑞瑜、李宗學
3	公司法案件	北院97偵字10115	北院檢察官/ 李宗學
4	違反公司法等	北院100金重訴12	北院檢察官/ 李宗昌、李宗學、李宗謀
5	偽造文書等	雄院99訴1747	雄院檢察官/ 曾馨誼
6	侵占	雄院99 審訴3347	喬揚公司/ 曾馨誼
7	業務侵占	北院100易570	北院檢察官/ 曾馨誼、王頌文、郭輝貴

編號	案　件	案　號	原告、告訴人／被告
8	確認本票債權不存在	北院98 北簡17469	李宗昌／ 曾馨誼、郭輝貴
9	給付票款	北院99 北簡4552	曾馨誼／ 李宗昌、王瑞瑜
10	偽造文書、詐欺取財	雄檢99偵32103	喬揚公司／ 郭庭瑞
11	業務侵占、背信、偽造文書、使公務人員登載不實	高院101調偵1869	喬揚公司／ 王頌文、曾馨誼、郭庭瑞
12	返還違約金	北院98重訴38	廣昌資產管理股份有限公司／ 甲○○○、乙○○○
13	返還價金	中院100重訴209	陳龍男／ 廣昌資產管理法定代理人李宗學 李宗昌、王瑞瑜
14	給付票款	北院100簡抗第32	曾馨誼／ 李宗昌、王瑞瑜
15	清償債務	雄院98 重訴186	李宗學／ 郭庭福、郭庭瑞
16	撤銷股東會決議	北院98訴262	郭庭福、郭庭瑞／ 廣昌資產管理股份有限公司
17	妨害名譽及誣告	北檢101偵2527、 北檢101他2190	曾馨誼、王頌文／ 李宗昌、李宗學、李宗謀
18	違反公司法、商業會計法	北檢	郭庭福、郭庭瑞／ 王瑞瑜
19	洗錢及詐欺案	北檢101年4465號	李宗昌／ 李明燕、關係人曾馨誼、王頌文
20	詐欺	北檢101偵18328	李宗昌／ 王頌文
21	詐欺	北檢102偵6049	李宗昌／ 曾馨誼、王頌文
22	偽造文書等	北院101訴266	北院檢察署檢察官／ 楊耀璋、楊正崇、何若玫
23	業務侵占等	高院101調偵1869	喬揚投資公司李宗昌／ 王頌文、郭庭瑞、曾馨誼

這些衍生司法案件，源頭都來自「竹三案」，只是在不同法庭簡稱不同而已，如果不看完全部訴訟及部份判決內容，並將各個案件交叉連貫，志品科技如何遭到毒手，不但到了法院無法明白表達，連到了閻羅王那裡都說不清楚。依目前台灣法律制度及法院生態，儘管個個法官都具有極高的法學素養，如果便宜行事依所謂「社會經驗法則」「一般人均不致懷疑的事實」或「最高法院ＸＸ條判例」來判案，其結果要比求神卜卦還無法令人信服。

因同一事件在不同的訴訟案，同一組人無論在被告或原告的立場，在不同法庭面對不同法官，似乎有不同的劇本、不同的台詞，而律師團也配合演出，而且都是目前台灣檯面上一線大牌律師，將法律技巧發揮得淋漓盡致，令人目瞪口呆。不過私下透露，這麼好咖的客戶的案子，我不接，別人也會搶著接，只計輸贏，不問是非，在商言商，自由業事務所也要收入才能生存。我們看到年輕的檢調人員，滿腔熱血追求社會公平正義之搜證及部份法院調閱及傳喚證人之證據，鉅細靡遺，令人佩服。

而當事人竟還能睜眼說瞎話，律師也能將證據弄成不具證據力，法官也可認定「積極之證據，本身存有瑕疵而不足為不利於被告之認定」，令一般庶人大開眼界。在不同法庭，法官針對同一事實，也有不同見解及判決，畢竟法官也是人，不是神。

1. 李宗昌口中的不肖財務人員，曾馨誼、王頌文、李明燕之間互動到底是什麼關係？是公司聘雇的員工？擔任救急的「朋友」？是公司股東？是投資者？是金主還是合伙人？是公司共同負責人？還是向銀行融資的「人頭」？在衍生的訴訟案中，原告、被告、雙方律師、檢調單位及法官，都有不同的認定及判決。我們從檢調單位搜證資料裡，曾馨誼（原名曾雪珍）從民國86年起即官司纏身，李宗昌卻將個人身分證、

印章交由其管理，如此信任之目的何在？以結果看來似乎是最佳充任栽贓者的替身，因一旦翻臉以雙方社會地位，財富懸殊，法官自然形成有利的心證，以判決之結果看來，似乎發揮相當程度的效果。而王頌文、李明燕又是什麼身份？王頌文是喬揚投資董事、忠煦公司及保煌公司實際負責人，而李明燕是王頌文夫人，亦是葳華國際公司負責人，在不同案件中，竟然也有不同角色，依案情而定，在整個衍生訴訟案，看到一齣古代富員外找家奴去害人，回來後嫁禍滅口，企圖令被害人沉冤大海的現代版，但天網恢恢疏而不漏，不但官司纏身，落得一場空，還逃不過法律制裁。

2. 而曾馨誼眼中的李宗昌、王瑞瑜、李宗學是當作「朋友」？是「知遇者」？是合伙人？還是「可操控的人頭」？還是「可利用的賺錢工具」？到96年6月20日止，以喬揚、忠煦、保煌、葳華國際及私人，以王瑞瑜信用擔任聯貸保證人，向銀行融資近30億元，到底做什麼用？而李宗昌坦誠每次均由曾馨誼抽費用，原因又是什麼？對曾馨誼而言，這種無本生意，何樂不為？為何在「竹三案」未開標前，曾馨誼手中竟有五張各3000萬支票及二張各8000萬本票，並由李宗昌簽名及王瑞瑜背書，總金額高達3.1億元，98年底到期之支票，在曾馨誼說法，這是協助廣昌資產獲利「竹三案」的獎賞，而曾馨誼是喬揚投資實質30%股權之大股東，又在「廣昌資產」持有30%股權，但支票到期前為什麼報遺失，轉為控告曾馨誼等偽造有價證券，經檢調單位查證，簽名與印章均非偽造，轉而告侵占。

支票是信用工具，竟然可以玩這種遊戲，年輕檢察官雖然滿腔正義，畢竟社會經驗不足，不但看不清事實真相，反而成了司法控訴的工具。

3. 李宗昌兩個寶貝哥哥李宗學、李宗謀，在整個事件中扮演什麼角色？是因兄弟之情相挺？還是投資者？合伙人？是股東？是公司共同負責人？還是僅僅是個人頭？還是乘火打劫？還是幕後操盤謀略者？看來似乎成事不足，敗事有餘。

如「廣昌資產」得標簽訂契約後，為剷除佔30%股權之實質大股東曾馨

誼，身為廣昌資產董事長之李宗學，竟然自首，坦誠入資不實，獲緩刑後將公司資本額3億元減成200元，又再不實增資，看「台北地院檢查署99年度偵字第3264號、第14236號起訴內容」，整個入資減資再增資過程，逃不過檢調單位法眼，也為「竹三案」敲下喪鐘。

如依96年3月8日廣昌建設董事長亦為李宗學與志品科技簽訂之共同投標協議，依原團隊實力，「竹三案」早在簽約後三年半已完工，不但喬揚投資公司140億元投資利得入袋，原瑞隆虧損早已彌平，又是志品科技單一最大股東，也有可觀投資利得，為何在96年3月15日背信成立違法之廣昌資產公司，設局陷害志品科技取而代之，得標後又不去積極履行合約，只知道為掩蓋債務，違約到處借錢，又利慾薰心，犯下一連串違法事情，終致遭終止合約，這種害人又害己的糊塗事，到底誰在策劃在操盤，實在令人痛心疾首。

4. 我們實在不忍心提到王永慶老先生，雖然他已經往生極樂，但事實不容扭曲，必須呈現世人面前，王永慶老先生一生的成就是靠堅守誠信，以同理心投入及付出換來的，生活樸實，無奢侈之享受，凡事以身作則，為台灣經營之神當之無愧，台灣第一代企業創辦人，胼手胝足，用血汗築成一片天，造福社會。到第二代真不知惜福，遇事切割責任，高喊無奈，老人家在晚年為顧企業形象，家族聲譽，才真是無奈地收拾爛攤子，默默地買單。台塑高階財務主管在100年6月17日所做陳述：「王永慶個人帳號是由我及另一顧問負責財務調度」「宏敏投資是王瑞瑜的公司……王永慶的資金直接借給宏敏公司，借給廣昌資產公司及李宗學、李宗昌個人」「宏敏借給廣昌資產很多錢，總數約27、28億元」「王永慶指示，借款的金額高達30幾億」「廣昌資產與李宗學、李宗昌欠宏敏公司的錢都列為應收款，以及可能變成呆帳」，再看王永慶帳戶轉帳資料，每筆均已超過億元。

我們再看看衍生訴訟中，睜眼說瞎話，事實竟然可以任意扭曲，當大財團為撇開責任，王瑞瑜提出聲明：

- 廣昌公司與台塑集團無關，其投資案純屬相關人投資行為。
- 不清楚李家在外投資狀況，她與竹科三期開發計畫沒有任何關係。

但在100年6月14日王瑞瑜親自證實「竹三案」是否由台塑集團在承作？「是廣昌資產公司委託我們管理，因為我幫李宗昌背了30多億的債，因為我有幫李宗昌背書，所以他把竹科的標案信託我們亞朔公司管理」，我們再看王瑞瑜為廣昌資產「實質關係人」，而亞朔開發公司董事長為王瑞瑜，一般大眾所見所聞與事實竟然是差距如此之大，如何一切算計都是為「竹三案」龐大利益而纏訟不休，為掩飾真相，用一個謊言去圓另一個謊言，如同自己在挖自己的牆角，但「竹三案」因如今被終止合約，如同樓塌，忘了自己也身在其中，虛耗巨大社會成本，除了展示財力外，到底有什麼意義。

7.2 形同虛擬的喬揚集團

　　「竹三案」為何衍生這麼多刑事及民事訴訟，而每一個案件又非常錯綜複雜，充滿疑惑，一般人幾乎很難理解，要了解這些謎團，要先了解所謂喬揚集團，談喬揚集團就要從瑞隆科技談起。

　　李宗昌與王瑞瑜結為配偶，金童玉女羨煞許多年輕人，理所當然至台塑集團任要職，但89年4月間卻自行在外申設瑞隆科技公司，經營高科技電漿電視PDP生產事業並擔任董事長，當時在台灣生產電漿電視尚有兩家公司，一家台塑集團之台朔光電，另一家則是中華映管電漿電視事業部門，電漿電視當時屬高科技、高風險、技術、資金密集產業，產業壽命週期短促，因TFT平板電視快速發展，另兩家慘賠退場，瑞隆公司也無倖免，94年間李宗昌在台塑集團內擔任多項要職，惟斯時瑞隆公司已發生嚴重財務危機，資金缺口高達18億元以上，又因銀行放款逾期信用受損，以電漿電視產業動輒需百億投資規模，瑞隆公司資本僅三億元，實際資金全為銀行授信借款，全賴王瑞瑜以個人信用擔保為維護債信，遂商請有長期往來之曾馨誼與王頌文自高雄北上協助借調資金，但礙於瑞隆科技負債比過高，已無法向銀行融資，於94年7月4日設立喬揚投資公司並擔任負責人，由曾馨誼兩位兒子郭庭福、郭庭瑞為30％股東，其本人擔任執行董事，王頌文佔5％股份，擔任董事，同時為擴大融資平台，更將王頌文擔任負責人之忠煦工程及保煌實業及王頌文夫人李明燕擔任負責人成立葳華國際公司，組成「喬揚集團」（如附表7-2）。

表 7-2　喬揚集團資料表

項目	忠煦工程股份有限公司	保煌實業股份有限公司	瑞隆科技股份有限公司	桓盛資通股份有限公司	喬揚投資股份有限公司	葳華國際股份有限公司	廣昌建設股份有限公司	廣昌資產管理股份有限公司
代表人	王頌文	王頌文	王裕明	侯健中	李宗昌	李明燕	李宗學	李宗學
董事長	王頌文	王頌文	王裕明	侯健中	李宗昌	李明燕	李宗學(喬揚代表)	李宗學
董事	蔡東勳	郭庭瑞	李宗昌	黃婷蓉	李宗學	李宗昌	郭庭福(喬揚代表)	李宗昌
董事	郭庭瑞(喬揚投資)	李明燕	王頌文	王崧鏞	王頌文	李宗達	張貞猷	郭庭福
董事								郭庭瑞
監察人	郭庭福	顏清壽	李宗學	侯如綺	李宗達	李宗學	李宗達(喬揚代表)	張貞猷

　　因王瑞瑜擔任台塑集團總管理處副總經理，又是七人決策小組，具有極高個人信用，因此喬揚集團各公司向銀行融資借款，均由王瑞瑜擔任連帶保證人，而喬揚集團既無確定之經營方針，也無正式員工，其功能就是向銀行借資金，解決瑞隆公司到期之融資債務，然全靠王瑞瑜信用融資，以短期資金掩蓋長期虧損，形同挖東牆補西牆，以債養債，資金缺口愈補愈大，接近30億元，正苦無解決之道之際，適94年底新竹縣「竹三案」由榮久公司得標後，卻無財力提出履約及保證金，而擔任主要下包商之友力營造，又是台塑集團六輕工程之主要承攬廠商，為避免遭違約，向台塑集團王永慶先生求助，未獲正面承諾，轉而求助李宗昌，但得知「竹三案」之投資利潤可徹底解決瑞隆公司之財務，並未積極協助促成台塑集團支持，而暗中起意爭取本標案。

到底喬揚集團存不存在？在北院98自35及88案中，李宗昌及辯護律師否認有這個機構，但在喬揚投資公司股東曾馨誼及董事王頌文作證時，確認有喬揚集團，連喬揚集團會計人員在北院100金重訴12案中作證時，也指出有喬揚集團。從96年2月喬揚集團與志品科技聯合暮年會，李宗昌、王瑞瑜同台唱雙人枕頭及台塑高階主管上台之照片，清清楚楚標示喬揚集團（如照片7-3及7-4）。

PICTURE

圖 7-3　喬揚集團與志品科技聯合暮年會照片

PICTURE

圖 7-4　喬揚集團與志品科技聯合暮年會照片

　　在北院100金重訴12案起訴書中，檢調單位指出廣昌資產公司實際負責人為李宗昌，共同負責人李宗學、曾馨誼及王頌文，為何否定喬揚集團存在？原因在喬揚如果不存在，曾馨誼與王頌文即為不肖財務人員，一切紕漏都是他們統出來的，曾、王兩人即為敵性證人，所做證詞，即成法官所認定有「瑕疵及不利被告」之心證。如果喬揚集團確實存在，曾、王兩人即為公司共同負責人，即非所謂敵性證人，手段狠但高明。

台灣公共工程亂象—竹三案停滯的真相

7.3 志品科技與喬揚集團合作經過

　　李宗昌、李宗學於瞭解「竹三案」標案有別於一般政府公共工程之承攬條件，得悉新竹縣政府第一次招標對於投標資格之門檻太低，以致於不適格之廠商得標後，因履約能力不足而遭解約，導致工程延宕之教訓，於第二次招標時，大幅提高投標廠商之資格限制，將投標資格提高為公司最低資本額3億元以上、最近五年內工程實績累計60億元以上，或單一工程10億元以上，並有銀行40億元以上之融資意願書或擔保證明，投標廠商必需組成一個履約團隊，以符合投標須知之規定。但喬揚集團旗下各家公司之資本額均在1億元以下，無一符合此項資格，更不具備大型公共工程承攬之實績，有鑑於此，必須尋求具備此等條件之廠商加入，始能提升團隊條件，投標時方能獲得評選委員之青睞；放眼國內科學園區的環保工程，尤其是科學園區之廢水處理廠之完工實績，志品科技在當時之資本額5.7億元，當年度之公共工程實績就有60億元，累計之公共工程實績逾百億元，且為股票公開發行興櫃公司，而科學園區最重要公共設施之一之工業廢水處理廠，直接影響「竹三案」將來開發完成後廠商進駐之意願，此為負責評選得標廠商之專業委員進行評選之決定性標準之一，且為新竹科學工業園區信譽最佳廠商，客觀資格與完工實績最有條件獲得標案評選委員之青睞，可用來作為主標廠商，爭取標案之工具，視時機成熟，再藉機將其排除，取而代之。遂指示曾馨誼與志品科技進一步接觸，曾馨誼於瞭解志品科技在新竹科學工業園區之實績，深受業界好評，並為新竹縣政府所信任後，即向李宗昌等人提出建議，可考慮與志品科技合作。

　　迨95年7月間，經志品科技分析了解榮久公司必遭新竹縣政府解約後，李宗昌、李宗學即積極布署取得「竹三案」，於95年8月16日，設立廣昌建設公司，資本額3,600萬元，由李宗學擔任董事長，並於95年9月1日，為表雙方利害與共緊密合作，由李宗昌以喬揚公司名義與志品科技簽

定投資備忘錄。由喬揚公司以特定人增資入股方式，投資志品科技2.3億元，使志品科技資本額由原先之5.7億元，增資為8億元，喬揚公司增資志品科技之後，成為志品科技最大單一股東，並與喬揚集團下之廣昌建設公司簽立合作協議書，言明就「竹三案」雙方合作條件為志品科技佔51%，負責工程執行，廣昌建設公司佔49%，負責資金籌措。由志品科技擔任「竹三案」第一投標廠商並組成投標團隊，由廣昌建設公司擔任第二投標廠商，由王瑞瑜負責投標所需百億元資金之融資保證人，以共同投標之模式，參與競標。

7.4 衍生訴訟暴露的事實真相

　　「竹三案」第一期僅僅整地及公共設施工程之預算為143億元，利益100%的超級大案，當初雙方約定視為最高業務機密，整個業務運作為避開耳目，在瑞光路302號原志品科技七樓辦公室，設立專案辦公室，並管控人員進出，一切會議不留記錄，事後回想，實在愚蠢至極。因而以自訴向法院提出刑事控訴，證據非常薄弱，幾乎無法構成要件，要不是年輕受命法官主動瞭解案情，調閱相關證據，又幸運遇到正直不阿不懼權貴之審判長，早就不成案了，可惜這組法官在一審判決前被更換，如果不是，相信判決會有所不同。而自訴期間，又因不同衍生案件，檢調單位搜證及法庭調閱資料及雙方辯護律師的攻防，一一將事實抖了出來，形成法官不同的心證，做出不同的判決，也因如此，當初志品科技受陷害的真正原因，原本如同啞巴吃黃蓮，苦無證據，卻在衍生訴訟因相互控訴找到蛛絲馬跡，還原了真相，真是機關算盡，最終竟在算計自己。

　　我們終於看清一些事實：

一、所謂喬揚集團組織成員，其成立目的及經營項目，台面上由台塑集團駙馬身份李宗昌領軍，又有王瑞瑜無條件大力支持，表面上形象紮實亮麗，內涵卻慘不忍睹，如依原規劃之成員之一廣昌建設與志品科技簽訂「竹三案」共同投標協議，並遵守誠信，得標後順利推動，140億元投資收益落袋，不僅瑞隆高達30億負債抹平，以「竹三案」遠景又是志品科技單一最大股東，不但揚眉吐氣，王瑞瑜不但解脫所有連帶保證責任，亦能以夫為榮，豈知鬼迷心竅，背信私自又成立廣昌資產公司，設局將志品科技幹掉，雖然取得契約，卻以離婚方式切割責任，光環盡失，結果被掃地出門，弄得官司纏身，並被判罪定讞，最後「竹三案」因違法被解約，真是業障。

二、喬揚投資之股東成員及成立目的，是建立一個新的平台，以王瑞瑜信用向銀行貸款，墊補瑞隆科技虧損，除非瑞隆科技起死回生，轉虧為盈，帳面虧損是不會憑空消失的，銀行融資只能應急終要歸還，因此投資志品科技建立另一平台，雖然以詐術取得合約，一時貪念卻忘了自己無力執行，不但股東之間反目成仇，弄得不可收拾，所有負債最終還是老丈人出面默默埋單。成立公司自己擔任董事長，弄一堆公司擔任總裁，如果目的不正，觀念歪斜，只是頂著頭銜，自我滿足，卻不負公司經營最終法律責任，其實真正身份是整個社會令人頭痛的麻煩製造者。

三、喬揚集團重要負責人李宗昌、李宗學、李宗謀、曾馨誼、王頌文、李明燕，甚至侯建中，相互之間如何互動，除了被提起公訴外，又相互控告詐欺、侵佔、偽造文書、偽造有價證券，到底怎麼回事？銀行融資貸款，很多是人頭，光看銀行入資帳戶，是不準確的認定，而是要看入帳後之銀行金流，最終流到誰的帳號，看喬揚集團成員、忠煦、保煌、葳華國際、廣昌資產向銀行、錢莊及民間借貸，如果清清楚楚，怎會衍生一堆訴訟。至於誰是不肖財務人員，誰是公司共同負責人、公司股東、合伙人、銀行貸款人頭或乘火打劫者、加害者或被害者，在不同訴訟中要看原告及被告的立場，訴訟的目的，雙方辯護律師的技巧，法院及檢調單位蒐證資料及法官的心證及判決而定，不是置身其中，很難分辨是非，人性的多相性，表裡不一，貪嗔癡慢疑展露無疑，尤其貪字當頭會令人迷失原本善良的本質，會做出令人痛心也會令自己後悔莫及的事，除了搖頭外，無言以對。

四、廣昌資產既然拿下契約，就該依原約定去執行獲取投資收益，而依契約精神廣昌資產如同特許公司，理應專款專用，為什麼急著拿契約到處借錢，原來契約簽下來對喬揚集團股東之間是一件喜事，不但所有銀行負債有了生機，而且還有可觀的收益，雨露均霑，原先辛苦總算有了報酬，卻因貪念反目成仇，不但負責執行的張貞猷被趕出門，連原來股東、董事、合伙人相互控訴，原本銀行貸款人頭公司忠煦、保

煌、葳華國際被迫提前還款，改由廣昌資產拿契約到銀行、錢莊及民間借錢，又因利慾薰心，不瞭解專款專用原則，竟然買名車、豪宅，終於吃上官司，最終銀行、錢莊、民間借款，表面上是從廣昌資產李宗昌返還，實際上是王永慶先生借給宏敏投資，再借給廣昌資產，在帳面上廣昌資產當然有30幾億的負債，除非「竹三案」順利推動，其實王永慶先生早看穿李宗昌兄弟三人實力，已有收不回來打成呆帳的心理準備。

五、曾馨誼手中總金額高達3.1億元的票據，為什麼開成五張各3000萬支票及二張8000萬本票，只有曾馨誼及李宗昌兩人知道真正原因是什麼？在曾馨誼口中這是幫助廣昌資產獲得「竹三案」的獎賞，但支票開出時間是在廣昌資產成立之前，而曾馨誼既是主投資商喬揚投資佔30%大股東，又是廣昌資產佔30%大股東，將來投資收益幾乎是僅次於李宗昌之最大受益者，所謂獎賞是什麼意義？廣昌資產之所以成為代表廠商是因為志品科技被設局3000萬巨額跳票，而跳票原因是曾馨誼代表李宗昌至志品科技與財務長吳尚飛協議雙方抽回忠煦公司開給志品科技3000萬元96年4月9日到期及同年4月10日志品科技開給忠煦同額的到期票，而志品科技到期票忠煦早就向銀行票貼，不能抽回，而忠煦3000萬支票吳尚飛竟然放在保險櫃，連託收的動作都不做，在法庭上竟稱4月10日當天至台塑大樓等3000萬現金？眾所皆知，3000萬現金對任何銀行分行而言都要事先約定，何況一個人也拿不動這麼多的現金，竟然在4月10日當天，曾馨誼、吳尚飛共演一齣苦肉劇，是廣昌資產獲得「竹三案」大功臣，當然應獎賞，但卻想不到李宗昌卻報支票遺失，拿支票的曾馨誼又想獨吞，待支票到期日去兌現成了偽造有價證券，因簽字及背書印章確為李宗昌及王瑞瑜，獲不起訴處分，李宗昌改口告侵占。現「竹三案」違法已被解約，這一連串歹戲拖棚的荒謬劇還未落幕，為了「利」字，竟然想出以破壞企業比生命還重要的「信用」作手段，一個固然是對方派出來的謀士，令人痛徹心扉，而另一個卻是自己公司負責財務的關鍵人物財務長，

7.4

衍生訴訟暴露的事實真相

事後還不能控告，因公司管控疏失，怎能告他人施以詐術，整個布局精巧至極，但結果雖是一場空，卻給志品科技帶來永無彌補的傷痕。

六、看到另一齣令人痛心的一幕，原本志品科技座落於內湖科學園區瑞光路302號7樓辦公室及地下停車位，因共同營運「竹三案」設立專案辦公室，而協議以2.3億元轉讓喬揚投資，雙方集中辦公，事實上廣昌資產、忠煦、保煌等公司均遷入，而志品科技遭設局跳票至極端困難之際，喬揚投資竟5.5億元轉手賣給廣昌資產獲利3.2億元，廣昌資產再轉手賣出再賺一手，一不作二不休，人性的醜陋面實在可怕，在自訴庭上，李宗昌竟稱與本人見面不到兩三次，而長期在瑞光路上班，廣昌資產李宗學竟然也說與志品不熟，這種睜眼說瞎話，面不改色的場景，加上辯護律師也強調這種論調，法官最終判決我們只好說尊重。

七、整個「竹三案」王瑞瑜到底知不知情？有法官認定不知情，但也有法官判決不可能不知情，持平而言，說完全不知情，那是脫罪的說詞，因不是偶發事件，從瑞隆虧損開始已長達10年，所有銀行連帶保證總金額高達近300億元，依台塑總管理處作業，都有一定的程序，而王瑞瑜又是財務出身，雖身負台塑集團七人小組要職，為挺夫婿，有所變通也是人之常情，投資志品科技爭取「竹三案」也是銀行融資而來，目的要藉「竹三案」解決問題，但是要以陷害志品信用作手段，以廣昌資產取代這種惡毒又糊塗之事，以她處事靈巧風格，我寧願相信絕對不知情。但事後相關者認為可藉台塑擁有政府資源不計代價迴避責任，認為「竹三案」是可控制的損失，反而葬送集團大好商機及掩蓋志品科技受害事實，雖然司法做有利判決，卻逃不過良心譴責。

八、至於「竹三案」到底與台塑集團有無關連，台塑集團管理嚴謹，對外爭取開發案必有一定規定，但沒有台塑集團這塊招牌，李宗昌等人如同路人甲，前新竹縣長鄭永金夫婦也不會如獲至寶接待李宗昌及王瑞瑜，如獲台塑集團支持，以志品科技團隊如虎上添翼，而自有資金提

供者日本ORIX公司總社副社長親自拜訪台塑亦認定「竹三案」與台塑有關，但看到資料「竹三案」最後仍由亞朔開發在實質執行，不管什麼原因及過程，相信新竹縣政府不會覺得意外，因為原本就是如此構想，但「竹三案」卻違法被解約，不知道亞朔開發及王瑞瑜如何向社會交代？

8

志品科技司法
控訴

8 志品科技司法控訴

8.1 為何以自訴案提出控訴

以自訴案控訴權貴，成案機率很低，勝訴機率更低，這是資深法律人的分析。因自訴控訴刑事罪，沒有公權力，要自行舉證非常困難，因此很難達到「構成要件」。尤其面對握有龐大社會資源者，一旦對方「不計代價」，不但毫無機會勝訴，甚至會造成二次傷害，是一件愚不可及之事。

為何不直接至地檢署申告，是為避免牽扯得標契約廠商廣昌資產其他不法事實，而將不知情及無辜的資格審查及評審專家學者及官員牽涉在內，由檢察官運用公權力調查，將事實攤在陽光下，志品困境更加難解，但依「竹三案」自訴過程判決及「竹三案」延宕及結局，絕非事後諸葛，而是悔不當初。

選擇自訴方式，以結果論是過度一廂情願，有太多不必顧慮之事，因當時情境，志品科技因「竹三案」被設局造成信用受損，尤其信用是企業及負責人的生命，處理不慎，所產生骨牌效應及連鎖反應，如同土石流是一場致命的災難。

身負員工、股東及協力廠的損失，唯一憑藉的希望，司法正義求個公道，以「竹三案」找出起死回生的機會，雖然之前就有人戲稱如同跳蚤叮大象，不但白費工夫，還會替自己困境雪上加霜。

但關鍵是喬揚投資曾馨誼在95年底以啟動「竹三案」為由，向志品科技借1.15億元巨款，其流向不明，因在95年11月18日竹北江屋宴達成默契，為避免主標商曝光，志品科技負責團隊整合及技術性工作，縣府由曾馨誼當窗口聯絡事宜。如果直接到地檢署控訴，傷及無辜，玉石俱焚，「竹三案」必然破局，志品科技重新站起來的機會無疑幻滅。但在自訴期間台北地院第一組之受命法官，向銀行調1.15億之金流，及衍生訴訟檢調單位搜證及證人證詞及「竹三案」的結局，這個顧忌根本不存在。

另外一廂情願的想法，是王永慶創辦的台塑集團以誠信起家，以自訴方式可保留談判的空間，但王董事長早已仙去，台塑集團雖有七人決策小組，不但接不上頭，反而切割責任，親赴台塑大樓竟被報警驅離，極盡羞辱之能事，與當初備受禮遇，形同另一陌生的企業，實在叫人感嘆！

以自訴想得到正面回應，實在是一件笨到不行的事，但還是感激台北地院第一組受命法官鄭昱仁先生在準備庭階段詳盡蒐證，自訴案才能進入審理階段。看到審判長審理，原本抱著很大希望，可惜至判決階段，換了另一組法官審理，感覺整個法庭氛圍變了調，原來法官作風也是因人而異。

而審理過程對自訴內容儘量不去反駁辯護說詞，避免案情擴大，影響「竹三案」重新推動機會，只需針對構成要件部份論述，希望法官能明察秋毫，依判決結果及「竹三案」目前結局，所有顧忌根本沒有必要。

8.2 自訴案審理過程及判決

　　一位資深法律人，他曾當過法院推事、法官、庭長、律師、法律系教授、系主任，告訴我「任何不公不義，如果存在必然有其深層的意義。」原先聽不懂，但看過「竹三案」判決終有所領悟。

　　以自訴方式控訴擁有龐大社會資源者，背信、妨害信用、詐欺取財、詐欺得利，本是不可能的任務，但身負志品科技、員工、股東及協力廠的冤屈，責無旁貸，只能說「這美好的仗我已打過」。

　　值得一提的事，在100年7月14日「竹三案」宣判之前一週100年7月9日聯合報頭版頭條新聞，標題「馬英九赴高雄長庚互動熱絡」，大幅照片三娘迎馬，馬總統右挽「三娘」李寶珠，左挽王瑞瑜。台灣時報2版政治頭條「李寶珠高規格接待馬」，並附馬總統與李寶珠、王瑞瑜照片。蘋果日報及中國評論新聞均附照片，身為「竹三案」被害者，非常納悶，馬總統不是口口聲聲強調「不干涉司法」嗎？這個關鍵時刻看到報導內容，看到與馬總統互動，「竹三案」局外人儘管看一件不相關的新聞，但對志品科技的員工、股東、協力廠上萬家庭而言，欲哭無淚，但寧願相信馬總統事先不知情，但不得不佩服，掌握社會資源者，神通廣大，無所不能。如台北市郝市長一張無心的合照事件，被解讀成詐欺事件的代言人，吳副總統一張隨機照片亦成了兄弟的同路人。照片到底有多大作用，可以從不同角度做任何解讀，端看你的立場及運用，如果政商巨賈與國家領導人不但合照，而且互動熱絡，其「綜效」更為驚人，能產生多大影響難以估量，期待法院明辨是非公平正義的判決，身為受害者心早就涼了半截，國事如麻，尤其溫良恭儉讓的性格，行事風格可能都會一廂情願，跟著自己感覺走，自以為做一樁好事，怎能洞察商人真正的意圖，尤其競選期間急

需巨額政治獻金支撐龐大經費支出，尤其報紙頭條，是一鐵的事證，如忽略所產生的「怨」氣，所形成的小道傳播會產生多大的影響力。如果志品科技在判決後舉辦記者會向社會伸冤，不知馬總統能察覺去單純「剪彩」或「揭幕」會產生與原來想像的結果有多大的不同。

提馬總統清廉，無人可否認，溫良恭儉讓的性格，相信絕對是非分明，疾惡如仇，但對社會「潛規則」似乎一無所知，會依自己理想行事，會純潔到「天真」的地步，如自認為擇善固執，一意孤行，做出親者痛仇者快的事，就不是奇怪的事。當對手鼓掌之際，支持者只能無奈的嘆息，是否有人能告訴我們的總統，當你做一件事，理想與實際有相當大的距離，要三思而行呢！否則馬總統再提「不干涉司法」，你還信嗎？

我們看到台北地院對「98年度自字第35號」及「98年度自字第88號」判決內容，志品科技控訴「背信」「妨害信用」「詐欺取財」及「詐欺得利」，四項罪名判決無罪，判決內容文實體部份：「一、按犯罪事實應依證據認定之，無證據不得認定犯罪事實，又不能證明被告犯罪或其行為不罰者，應諭知無罪之判決，刑事訴訟法第154條第2項、第301條第1項分別定有明文」。法律是講求證據的，無證據當然不能做有罪判決，這是常識，但是「次按認定不利於被告之事實，須依積極證據，苟積極之證據本身存有『瑕疵』而不足為不利於被告事實之『認定』，即應為有利於被告之『認定』，更不必有何有利之證據，而此用以證明犯罪事實之證據，猶須於通常一般人均不至於有所懷疑，堪予確信其已臻真實者，始得據以為有罪之認定，倘其證明尚未達到此一程度，而有合理性之懷疑存在，致使無從為有罪之確信時，即應為無罪之判決（最高法院82年度臺上字第163號判決、76年臺上字第4986號、30年上字第816號等判例意旨可資參照）」。看到這個判文，其實不必再看判決內容，因法官起心動念已有定論，法律原本請求證據，應由證據說話，如果「積極之證據本身存有

114

『瑕疵』，而不足為不利於被告事實『認定』，即應為有利於被告之『認定』，更不必有何有利之證據。」所謂「瑕疵」及「認定」如果只由法官「自由心證」決定，那訴訟只是一個必須走完的程序，既設立場就是結論，那與射箭後再劃靶有何差異。

而最高法院判例，上網看判解函釋，司法院法學資料檢索系統82年台上字第163號之裁判案由為「違反麻醉藥品管制條例」，而76年台上字第4986號裁判案由為「偽造文書」，更令人噴飯的是30年上字第816號判例，是72年前民國30年1月1日在大陸的判例，這些案情是否與「竹三案」這類國家重大公共工程建設案情類似？與志品科技控告背信、妨害信用、詐欺取財、詐欺得利事實內容有任何相關？「違反麻醉藥品」與「偽造文書」至少在台灣發生；72年前在大陸的時空，所做判例內容，可以當作依據作為判決邏輯及法理基礎，不禁讓人心神錯亂。

如果是法官本身對法律見解的歧異所做出的判決，人民如何尋求補救？一般庶民見解，法官如無實務經驗，亦應參考類似案例，事實的裁判案，如果見解如此歧異，形同法治亂象，身為弱勢的受害人，企盼司法正義，反而成了司法「直接受害人」。

以自訴控告背信及詐欺，雙方實力懸殊，幕前對手明朗，但幕後集團所掌握之社會資源，深不可測。這種不對等之利益衝突，由一審及二審的判決內容形同辯護內容的重覆，而且與事實甚至與法理不符，但卻黑字寫在白紙上，以現代資訊及網路，只要上網就能查到，是否是「不計代價」的啟示，沒有具體證據不能說，但卻有意想不到的收穫。從審理過程及衍生的訴訟獲得大量法院及檢調單位搜證資料，卻將幕前幕後一般世人看不到的行為，全部展現無疑，讓人看到人性的多面性，有親情、有虛偽、有

真實的一面，也有不堪入目的一幕，對判決我們寧願相信，法官對工程實務無法分辨是非真偽，如果打官司要靠運氣，那就算運氣不佳吧！

8.3 針對背信部分之判決

　　針對背信部分：按刑法第342條之背信罪，須以為他人處理事務為前提，所謂為他人云者，係指受他人委任，而為其處理事務而言，苟無委任之事實，即無成立背信罪之餘地（最高法院46年臺上字第260號、19年上字第1699號判例、82年度臺上字第2974號裁判要旨可資參照）。」能成為法官，其法學素養令人無庸置疑，但所謂「社會經驗法則」與「一般社會常識及認知」之落差，卻令人不敢苟同。雖然一個公開發行興櫃公司資訊必須透明，但任何公司均有業務及商業機密，尤其在競爭激烈的商場，只要目標明確，不違背誠信原則，一定要有一些權宜措施，針對投資備忘錄，儘管自訴人說明及證人證詞均強調就是要合作「竹三案」，只因雙方同意不要註明，甚至連會議記錄都不能提「竹三案」，以避免業務機密外洩。而法官卻採信對方及辯護律師依字義說詞，是要協助志品科技至大陸銀行融資及開發大陸工程業務，甚至合作進口砂石生意，大陸非台灣，雖然最近兩岸關係改善，但在六年前要到大陸銀行融資及開發工程業務，有那些資格規定及那些充分必要的條件，對某些政商巨賈「以個人身分、地位、銀行信用」，在台可能有機會運作及奏效，在大陸未必管用，何況李宗昌在台信用受損，全靠王瑞瑜信用才能向銀行貸款，根本與事實不符。而「砂石生意」有其特殊條件及生態，尤其兩岸「砂石生意」涉及礦權及國土計劃，而跨海運輸，要有兩岸碼頭及專用運輸船，而在台銷售更有其特殊性，幾乎全被特殊人物把持，層面更複雜，根本不是一般人能涉入經營及運作，儘管向法官說明，資訊網路如此透明，只要上網看志品科技公司網站資料即能了解公司屬性，幾乎不可能從事此項業務，遺憾法官仍然採信辯護說詞。

　　以自訴控訴背信，必須自行搜證，對敏感又機密案件，如僅雙方口頭承諾，不立文字，所謂誠信在法院審理過程是不存在的，如果事實無法認

定，要達到構成要件非常困難，這一點在提告前已有充分認知。在審理過程及判決來看的確如此，但為何選擇走這條路，其心路歷程難以表白。

　　當一個經營二十多年的企業，突然遭人設局陷害形同從雲端掉落，公司一片愁雲慘霧，瀕臨倒閉，起因「竹三案」，但可能一條生路也是「竹三案」。如果不以大局著想，玉石俱焚，對方憑藉龐大財勢，小事一件，對志品科技卻萬劫不復，但可悲的是，相互承諾互相抽票，不設防中計跳票，已被騙了一次，被騙後交出投資計劃書與投標團隊，只因對方承諾會協助恢復銀行信用，得標後只負責簽約，實際操作仍由志品科技負責，才在第二次開標時與廣昌資產簽訂以下包方式參與投標，至法院公證並順利得標，同時簽訂工程統包合約。因契約及採購法規定不能轉包，才另簽立37億元分包合約，以符合規定向新竹縣政府報備，原企劃以未來之工程利益，減少公司損失，東山再起，豈知在96年9月銀行團105億聯貸順利取得後，廣昌資產竟然以志品科技財務困境為由企圖終止合約，並以不適格之東欣營造取代並通知新竹縣，才知第二次被騙，形同做一件被騙後還幫人數鈔票，數完後還被幹掉可悲之事。俗語說「第一次被騙你真可恥，但第二次再被騙則我真可恥。」

　　志品科技1984年創業以來，無論與國際廠商合作及1989年為中華映管至馬來西亞設映像管廠及遠至英國蘇格蘭建廠，1994年至大陸福州擔任統包廠商，同時與日商中外爐合作，足跡遍及泰國、新加坡、印尼，並至美國及墨西哥替日系公司建廠，雙方全以誠信為原則。原本以為王永慶創辦台塑集團亦以誠信起家，其二代以家庭淵源，理念一致，雙方一句話，不立文字何妨。

　　事實真相只要上法庭，對方為顧及企業形象，必定有妥善解決之道，

豈知一開庭，不但否認一切，並將自己參與主要成員打成不肖財務人員，成了敵性證人，對密切合作伙伴，本身亦為單一最大股東，「沒有印象」「見面不到三五次」，甚至在一起合作長達一年，卻說「根本不熟」，拉高身價，一副不屑的神態，讓人突然領略，誠信對某些人只是一副面具，拿掉後卻是從未謀面的陌生人，再由一線大律師之辯護技巧，不但模糊焦點，而且扭曲事實，志品科技這個本是被害人，卻形同公司經營不善，企圖向政商巨賈耍賴者，才深深讓人體驗擁有社會資源，只要不擇手段，「竹三案」140億元巨款利益收利落袋，怎會守誠信、顧形象，無委任事實即不構成要件，要對方合情合理合法解決，無異與虎謀皮，愚蠢到了極點，對方行徑不可悲，法官判決不可悲，但這種一廂情願思考及結果才可悲，所謂不經一事，不長一智，但代價太大，這也給所有商場上的朋友一個現代警示，誠信有時候不值一文錢，先小人後君子，否則一旦利益衝突，當對方強取豪奪，空口無憑，只有任憑踐踏的份，是一篇社會現實負面教材。

將誠信兩字掛在口上，愈是有關係之人如朋友、股東甚至親戚愈要謹慎，如對方是債務纏身或有毒癮者，會不擇手段達到目的，不但不可理喻，甚至可怖，相互信賴成了累世冤親債主，挺而走險有之，自尋絕路有之，甚至謀財害命有之，不得不慎。

8.4 針對妨害信用部分的判決

　　針對志品科技致命一擊，3000萬鉅額無預警跳票，志品科技提出妨害信用控訴，法官判決依法超過時效判決，當事人似乎只能「含冤莫白」，是否有其他類似案件，是否這就是「法律的論調」，而一個超過百億龐大利益的糾紛，一項精心設計的詐騙局，以雙方講誠信為手段，令合伙人措手不及，毀於一旦，關鍵就在雙方承諾同時抽96年4月10日3000萬及96年4月9日之3000萬保證票，而96年4月10日之3000萬支票早在95年12月已辦理融資貼現，根本抽不回，而96年4月9日3000萬支票卻仍在志品科技財務長吳尚飛保險櫃內，如果3000萬保證票在彰化銀行城東分行，志品科技怎會跳票？如果令志品科技有時間應對，依96年4月志品科技財務結構，財務長明知對方以票貼不可能抽票，怎不採取銀行託收方式保護公司或事先運用公司資源在一週內運作，以符合銀行辦理程序，為何乘董事長出差之際，以電話連絡方式通知來不及處理？事後反省事關公司存亡之事輕率不得，以當時志品科技財務及可運作資源怎可能發生3000萬跳票事件？

- 銀行授信22.5億，動用 18億元，仍有4.48 億元額度。
- 喬揚集團向志品科技借款仍有1.5億元未歸還。
- 公司大股東持有公司股票有2億元未向銀行融資。
- 公司持有投資公司股票，中興電工、宜鋼公司股票共計1.3億元，亦未向銀行融資。
- 公司擁有內湖瑞光路302號7樓及8樓各層1440坪，合計2880坪及58個車位，銀行僅抵押1.46億元。
- 關係企業資金調度。

只要據實以報公司也能應付，但在96年4月10日當天，依財務長吳尚飛在法院證詞，3000萬保證票不事先押入銀行，而在當天一個人在台塑大樓等3000萬現金。因此令志品科技跳票的關鍵人，即喬揚集團共同負責人曾馨誼及志品科技財務長吳尚飛。蹊蹺在5張3000萬由李宗昌簽發及2張8000萬由王瑞瑜背書保證98年12月到期共計3億1仟萬元巨額支票。這些巨額支票早在96年初已到曾馨誼手上，而志品科技開給忠煦公司3000萬支票，早就到銀行票貼，卻在96年4月初代表李宗昌至志品科技佯稱雙方抽票，這3.1億元支票目的是什麼？法官根本沒興趣，在「竹三案」衍生訴訟才知道，曾馨誼收到這些支票，不料在97年5月15日喬揚公司以律師函報遺失，在98年曾馨誼及借票人都成了偽造有價證券被告，因調查單位分析支票為李宗昌簽名，獲不起訴處分，但李宗昌改告侵占。依曾馨誼之說詞，此3.1億元是為李宗昌拿「竹三案」的酬謝！相信檢察官及法官一定認為「何德何能」，竟有此巨額不合理的酬謝金？曾馨誼又不能說這是陷害「志品科技」取得140億元「竹三案」利益的代價，否則法院作證豈不成了偽證罪？而為何開如此多張支票？如何分贓？如何獨吞？在巨額金錢誘惑下，人性貪婪竟如此弔詭及險惡。

而志品科技如控告吳尚飛背信，則成了公司治理及管控問題，與他人無涉。真是高招，而法官面對這麼錯綜複雜案子，只能超過半年法律時效判決，即能脫罪，但機關算盡，目的在140億元「竹三案」利益，但要落袋才算，卻因違法被終止契約，成了一齣不折不扣害人害己的荒謬劇罷了。

企業及負責人的信用，比生命還重要，一旦受創，公司及個人信用破產，企業即瀕臨倒閉，這是非常嚴重之事，以破壞信用為手段達到目的，是何等惡毒之計。而對方辯護律師為淡化此種惡行，用事事而非之辯護技巧，以志品科技能成為第二次投標下包為由，證明志品科技跳票，並

不影響志品科技投標資格，這是法院審理雙方攻防手段。當時並不在意，但令人吐血的是，法官竟然採信，不瞭解法官對一般公共工程投標資格。基本要求銀行必須出具「無退票證明」，否則連投標資格都沒有，但一審判決「……均堪認志品科技96年4月10日跳票事件，並不致使志品科技因而喪失投標「竹三案」之資格，況且志品科技於第二次投標時卻擔任分包廠商，志品科技主張跳票事件，使其喪失投標廠商資格云云，尚與事實不符」，志品科技遭設局陷害跳票，是指喪失符合「竹三案」「投標廠商」實質資格。依「竹三案」「投標須知」規定；「……本採購……適用政府採購法及其主管機關所訂之規定」。決標原則依採購法第56條，適用「最有利標」，因此必須符合「竹三案」「投標須知」之資格，而非「分包廠商」資格。

「竹三案」本質上為一促進民間參與公共建設法之開發造鎮案，但因其中有基礎建設工程，才依採購法以最有利標辦理招標，此案係國家重大建設工程，非一般單純之工程標案，志品科技為一公開發行股票興櫃公司，被陷害跳票信用破產，公司帳戶被查封，不動產被法拍，718餘位員工流離所失，457位股東血本無歸，388家協力廠投訴無門，數千家庭受害，肇禍原因即初期利益高達143億餘元及後續千億商機之國家重大公共工程之「竹三案」，怎會跳票與「喪失投標資格云云，尚與事實不符」？

96年3月8日「竹三案」第一次投標，依志品科技與廣昌建設公司簽訂之共同投標協議書，志品科技負責撰寫「投資計劃書」及整合「投標團隊」，並至法院公證，喬揚投資負責「資金提供」以王瑞瑜信用取得銀行「5000萬押標金」及「80億元融資意願書」。

依採購法「最有利標」程序，必須通過資格審查及評審委員評審，以

決定最具「實力及執行能力」者，得標即依「竹三案」「投標須知」撰寫之「投資計劃書」符合資格及實績及「投標團隊」及「5000萬押標金」「80億元銀行融資意願書」為「竹三案」「投標廠商」資格審查要件。

投標四大關鍵，主標廠商資格、投標團隊、投資計劃書、銀行80億元融資意願書，尤其後三者準備費時半年以上。志品科技已全盤被詐交出，已赤手空拳，就算能向銀行「巧取」無退票證明，手無寸鐵，如何通過資格審查及專家評審，就算得標，一個跳票已上聯徵記錄之公司，怎能向銀行取得聯貸，豈不自尋死路。

法官的「心證」、「認知」及判決形成過程，令人無言以對。

志品科技具備實質投標資格及投標團隊，並完成評審關鍵「投資計劃書」，依當時銀行額度及信用，取得5000萬押標金，80億一半40億符合基本需求之銀行融資意願書，並不成問題，只因遵守誠信，沒有戒心，才遭此橫禍。

志品科技經營二十多年，具備一定程度的銀行信用，工程實績及執行能力，以當時手中握有之在建工程，有「竹三案」會更好，沒「竹三案」也會活得好好的，公司及個人信用是性命相關之事，如法官以超過時效判決，因法律條文，只能無奈接受，如隨著加害人附和判決，則是一項令人痛心疾首之事實。

8.5 針對詐欺取財及詐欺得利部分判決

　　志品控告詐欺取財是針對耗費財力、人力撰寫「竹三案」最有利標，經專家學者評審得標關鍵「投資計劃書」，依判決書的內容，按刑法第339條詐財罪之成立，要以加害者有不法而取得財物之意思，實施詐欺行為，被害者因此行為，致表意有所錯誤，而其結果為財產上之處分，受其損害。是以詐術使人交付，必須被詐欺人因其詐術而陷於錯誤，若其所用方法，不能認為詐術，亦不致使人陷於錯誤，即不構成該罪，或若取得之財物，不由於被害者交付之決意，不得認為本罪之完成（最高法院49年臺上字第1530號判例、82年臺上字第2974號裁判要旨可資參照）。

　　看到判決內容，其實法官「心證」早有定論，再看判決內容，「又系爭投資計劃書係由友力公司負責人林正富轉交被告李宗學交團隊參考改編，內容僅增加志品科技負責之污水處理部份，其餘皆『抄襲』林正富之原稿，其中都市計畫相關作業係由長豐公司負責，區段徵收係由寰宇公司負責，工程設計施工係由中興工程公司及德昌營造負責，環境影響評估係由瑞昶公司負責，廢棄物土壤地下水調查係由中興工程公司、瑞昶公司負責」「亦有志品科技所提出之投資計劃書及本院向新竹縣政府調閱之竹三案第一次招標之採購契約『可供比對』是該投資計劃書『尚難』認為志品科技所『獨有』……亦難認係被告3人以詐術所取得之物」，既然難認以詐術取得，當然無罪。

　　其採信根據是依辯護說詞，「該計劃書是中興顧問這些公司團隊接受廣昌資產公司的『委託』，而於投標前所擬製……。」

辯護人亦辯稱：「本件投資計劃書係友力公司負責人林正富交被告李宗學再轉交曾馨誼交團隊參考改編，內容僅污水處理部份有增加，其餘皆『抄襲』林正富之原稿，相關印刷費用由廣昌資產公司支付，志品科技僅提供污水處理部份……。」

原本為狡辯技倆，企圖以烏賊戰方式模糊焦點，目的在掩飾及扭曲事實，本不值得反駁，因廣昌資產成立於96年3月15日，「竹三案」重新招標之第一次投標於96年3月12日流標，投標團隊及投資計劃書早於96年3月8日由志品科技與團隊簽訂投標前協定，而投資計劃書志品科技早已完成，怎可能在廣昌資產未成立前「委託」擬製？

志品科技控訴廣昌資產，以詐術取得「竹三案」得標關鍵之投資計劃書，而其卻不理直氣壯說這是廣昌資產所撰寫，而是「抄襲」林正富，而非志品科技，卻不得不承認關鍵內容污水處理是志品科技提供。形同某甲控告某乙「你獲得學位之論文是剝取我的心血，某乙辯稱，我不是剝取你的，而是『抄襲』別人的，只是其中一部份是你的。」問題是雖能脫罪，但所獲學位，正當性根本不存在。

一審期間，志品科技僅提出相關證物，證明第一次志品科技投標及第二次廣昌資產公司投標之投資計劃書屬同一份，只是第二次內容，僅將志品科技改為廣昌資產公司，並未提整本投資計劃書內容，不知地院「可供比對」是何物，「竹三案」投標須知及採購法最有利標，相關規定及意義，「投資計劃書」是代表投標團隊公司之實力、實績及執行能力，依法官判決，新竹縣政府承辦人員、參與評審、專家學者及得標過程如何交代？

如同學位論文是抄襲的，那所頒學位將如何處理？尤其法院是一個公信單位，如此重要證物之比對，兩造是否參加，有那些專案人士參與，在何時？何地辦理，過程如何？均無記錄，法官是在何種情況下「可供比對」，尤其法官非工程實務專業，如何「尚難」認為志品科技所「獨有」，是否嚴重違反法院審理之公平程序，令人弗詭的是，如此判決，也等於判決「竹三案」「非法得標」，詐欺取財無罪，但140億元利益難道是合法合理取得？

因依投標須知及採購法相關規定，廣昌資產公司對履約「竹三案」此一重大國家經建計劃已不適格，且嚴重違法，雖對詐欺得利「竹三案」140億元部份隻字不提，似乎不存在。志品科技不服至台灣高等法院之判決文與台北地方法院幾乎一致，但也如同判決被告「得標違法」，因法網恢恢疏而不漏，無論任何人不計代價想一手遮天，但難掩天下耳口。

「竹三案」此一143億預算，千億商機獲利亦超過百億之巨大工程，係依採購法最有利標程序招標，依投標須知規定，投資計劃書為評定投標廠商及團隊之實力實績及是否具有履約能力之決標依據，得標後亦為採購契約一部份。

如依判決「尚難」認定志品科技所「獨有」，卻認同廣昌資產公司之投資計劃書係委託他人擬製或「抄襲」林正富原稿，此一判決等同判定廣昌資產公司得標是一項違反採購法行為，所訂之採購契約亦登載不實，嚴重違法，所有審查廣昌資產公司資格標之公務員及參與評審廣昌資產公司通過評審順利得標之專家學者亦登載不實，豈不難逃瀆職咎責？

投資計劃書依「投標須知」作業規範之開發計劃撰寫規定，明定智慧財產權及開發計劃之效力，針對開發計劃之內容「開發計劃內容，投標廠商應依相關章節次序撰寫之，並得自行增列必要內容」，其編排次序並規定使用同一字體。

因此端看目錄，所有投資計劃書相關章節次序及字體部份雷同，必須看內容才能有所區別。其目的為方便評審專家學者在同一標準審查評分。自行增列必要內容即污水處理廠及相關項目，廣昌資產並未參與撰寫，僅以詐術取得，並不瞭解整個計劃書，相關規定及製定內容，茲將作業規範評選項目，概述如下，以免廣昌資產扭曲事實，陷害無辜。

1.履約能力(投標廠商與設計施工團隊能力經驗)

第一次投標之投標廠商為志品科技與廣昌建設為共同投標廠商，志品科技「獨有」部份為封面，及第二章投標廠商簡介，投標團隊為德昌營造、中興工程顧問、環宇測量、長豐工程顧問、瑞昶科技、建築師楊炳國、律師單文程，其中中興工程顧問、瑞昶科技為95年11月18日竹北江屋宴志品科技擔任主標，王瑞瑜代表台塑集團財務支援架構定調後，重新加入者，依作業規範、各公司簡介，其公司能力及實績，並於第一次投標前96年3月12日簽訂分包廠商參與同意書，整個投標團隊由志品科技組成，並在瑞光路302號7樓組成專案辦公室，李宗昌等三人從未參與，而廣昌資產公司尚未成立，如何委託？狡辯技倆，法官信以為真，令人遺憾。

2.財務能力：

代表廠商及各成員財務能力（含顯示廠商「實收」資本額、淨值、流動資產、流動負債及總負債金額等財務報表），第一次投標代表廠商志品科技實收資本額8億元並附有財報。

3.實質開發計畫與整體設計構想計畫:

　　主要內容對需求計畫及設計條件之瞭解，即對投標須知96年2月招標文件第二冊、肆、概念設計之瞭解及重要課題及對策分析，概念設計瞭解部分由設計團隊依分工項目負責，投標廠商志品科技「獨有」部分為針對主要課題及對策分析，於概念設計中不夠詳盡者，包含區段徵收作業流程、中水道工程、污水處理廠興建及專用放流管線設置及污水處理廠工程，在投標須知，作業規範第一項規定「本案主要計畫所規範之相關用地與污水處理用地，至少應列為本案回饋標的，否則資格審查為不合格，不得參與最有利標評選，請投標廠商注意」，因此污水處理廠及其管線及放流設置非被告所稱僅為回饋項目，而是能否參與投標之資格限定，因科學園區無完善污水處理廠及相關設置，形同荒地，影響開發甚巨。

4.執行管理及施工計畫:

　　為評審投標廠商及團隊執行及履約能力的依據，整體執行管理計畫擬定細部計劃由設計團隊中興工程顧問負責，施工計劃、污水廠興建、品質管制計劃、界面協調及整合計劃，為志品科技所「獨有」。

　　總而言之，第一次投標之投資計劃書是依投標須知規定所撰寫，即投標廠商志品科技所獨有部分，及投標團隊依投標須知規定及概念設計表現公司能力及實績，由投標主標商志品科技統合而成，尤其「重要課題及對策分析」污水處理廠及專用放流管線影響園區環境及周邊水資源利用，志品科技為竹科二期污水處理廠承建廠商，為國內少數具科學園區污水處理廠有經驗者，李宗昌等人既非專業，也從未參與第一次投標作業，廣昌資產公司尚未成立，甚至成立後也無員工，此項亦登載在廣昌資產公司採購契約內，既無實力也無實績，如何撰寫及整合投資計劃書，為掩蓋犯行，以混淆視聽方式，模糊焦點，影響判決，只要將廣昌資產公司參與第二次投標之投資計劃書，此即為志品科技參與第一次投標所製作之投資計劃

書，第二章投標廠商簡介部份，將志品科技改為廣昌資產公司外，一字不改，計劃書封面第二頁及施工計劃共同投標團隊仍為志品科技，此投資計劃書為評審委員評分依據，亦為廣昌資產公司與新竹縣政府採購契約之一部份。

廣昌資產公司既然為投標廠商，應指出計畫書那一部份是廣昌資產公司所「獨有」，而不是只提投標團隊分工項目，魚目混珠，因此只要將此投資計劃書與廣昌資產公司之採購契約所稱「抄襲林正富原稿」之新竹縣政府友力決標之投資計劃書或採購契約比對，即能瞭解狡辯目的及誤判之事實真相，詳見附表8-1、8-2、8-3。

至於法官如何「可供比對」就不值爭論了，令人好奇是志品科技提出如此多的證物及證人證詞，法官卻以有「瑕疵」及不利被告不予採信。而獨信不合邏輯的辯護說詞，形同判定這143億及千億商機大案「無罪」取得，令志品科技全員冤沉大海。而詐欺得利一字不提，形同合法。有人說打官司要靠運氣，有幸有不幸，但我堅持相信事實真相只有一個，判決過程是非曲直，絕逃不過世人公平正義普世價值觀的評定。

因志品科技付出代價太大，一定值得未來學法律的精英參考，而對經營事業的負責人們，這血淋淋的教訓千萬不能重蹈覆轍。

表 8-1 投標廠商及團隊履約能力對照表

	第一次招標	96年3月14日第一次招標	96年5月第二次招標	說　明
投標廠商	榮久營造公司、宗典實業公司共同投標	志品科技公司、廣昌建設公司共同投標	廣昌資產公司	廣昌資產「抄襲」志品科技公司之簡介
技術團隊 1.污水處理			志品科技公司	志品科技遭設局3000萬元跳票，喪失主標資格
2.營造商	友力營造公司	德昌營造公司	德昌營造公司	
3.設計顧問	中興工程顧問	中興工程顧問	中興工程顧問	中興、長豐及瑞昶95年11月18日竹北江屋宴後重新加入投標團隊，並於96年3月12日簽定
4.區段徵收設計	長豐工程顧問	長豐工程顧問	長豐工程顧問	
5.廢棄物土壤地下水調查	瑞昶科技公司	瑞昶科技公司	瑞昶科技公司	
6.測量		環宇測量公司	環宇測量公司	
7.建築師		楊炳國建築師事務所	楊炳國建築師事務所	
8.律師		單文程律師	單文程律師	

註：94年榮久營造公司主標及96年3月志品科技主標，團隊八家公司有三家相同，公司簡介可能雷同，其他五家公司簡介完全不同，法官所謂「可供比對」令人好奇。

表 8-2　實質開發計劃與整體設計構想計劃對照表

	94年第一次招標	96月3月14日第一次招標	96年5月12日第二次招標	說　明
投標廠商	榮久營造公司、宗典實業公司 共同投標	志品科技公司、廣昌建設公司共同投標	廣昌資產公司	
3.1需求計畫及設計條件		依96年2月概念設計作業（註）	同左	依96年2月版之概念設計內容，由志品科技及中興顧問共同討論製作（96年3月及96年5月內容完全相同）（註）
3.2開發都市計畫構想		同上	同左	同上
3.3區段徵收執行計畫		依96年2月概念設計，（增列區段周收作業流程）	同左	志品科技自行增列必要內容
3.4整體設計		依96年2月概念設計，（增加設計美學表現）	同左	志品科技自行增列必要內容
3.5公共工程設計		依96年2月概念設計，（增列污水管線及中水道工程，志品規劃）	同左	志品科技司自行增列必要內容
3.6污水處理廠及放流		依志品科技規劃設計	同左	志品科技自行增列必要內容
3.7建材規格		依96年2月概念設計	同左	中興顧問工程公司負責製作
3.8品質保證		依96年2月概念設計	同左	中興顧問工程公司負責製作
3.9重要課題及對策		增列污水處理廠工程，志品科技規劃	同左	志品科技自行增列必要內容

註：96年兩次投標之投資計劃書，開發內容與整體構想為依96年2月版之概念設計，如聲稱94年即已完成，法官如何「可供比對」就不必爭論了。

表 8-3　執行管理及施工計畫對照表

	94年第一次招標	96月3月14日第一次招標	96年5月12日第二次招標	說明
投標廠商	榮久營造公司、宗典實業公司 共同投標	志品科技公司、廣昌建設公司共同投標	廣昌資產公司	
4.1整體執行管理計畫		中興顧問工程、長豐工程顧問、瑞昶科技公司製作（註）	同左	96年3月及96年5月內容完全相同
4.2施工計劃		志品科技製作	同左	96年3月及96年5月內容完全相同
4.3污水廠興建		志品科技製作	同左	96年3月及96年5月內容完全相同
4.4品質管制規劃		志品科技製作	同左	96年3月及96年5月內容完全相同
4.5人力工時計劃		志品科技與中興工程顧問共同製作	同左	96年3月及96年5月內容完全相同
4.6界面協調及整合計劃		志品科技製作	同左	96年3月及96年5月內容完全相同
4.7竣工及維護計畫		中興工程顧問製作	同左	96年3月及96年5月內容完全相同
4.8專業資訊管理系統		中興工程顧問製作	同左	96年3月及96年5月內容完全相同

註：判決既稱「可供比對」，就將三次投標之投資計劃書內容做一比較表，不知法
　　官是否用同樣方式，就不得而知了。如果根本沒有經過法庭應有程序，只能說
　　「怎麼會這樣？」

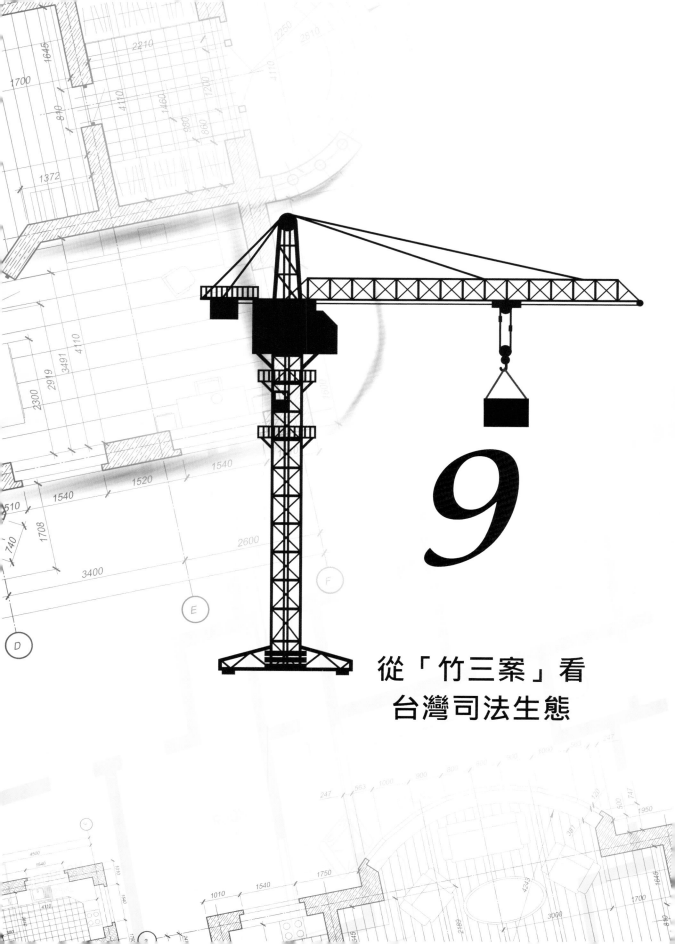

9

從「竹三案」看
台灣司法生態

9 從「竹三案」看台灣司法生態

9.1 司法不公或司法人員不公

　　「竹三案」志品科技以自訴控告背信，在98年6月22日第一次準備庭，當場看對方聘請九位律師，法庭上律師人數比旁聽者還多，而且都是目前台灣檯面上一線大牌律師，當場傻眼，才體會所謂法律之前人人平等，理想與現實之間還有段不算小的差距，王子犯法與庶民同罪，那是古代包青天劇，民主社會金錢雖非萬能，沒錢是萬萬不能，打官司真不是窮光蛋玩得起的遊戲，人生自認經過大風大浪，歷練豐富，但年過60卻首次上法院控訴，卻像一個新踏入職場的新鮮人，手足無措，當聽到對手及辯護人在法院的陳述，血壓飆高幾乎當場中風，一位專跑法院的資深媒體人告訴我，法院本來就是說謊者的天堂，法官只是判斷哪一個比較像在講實話，因一上法庭，無論被害人及加害人都會齊喊「冤枉」，雙方律師會發揮法律專業把所謂「冤枉」變成法官聽得懂的法律語言。依目前台灣法律審理制度，每個法官分案負擔很重，每次開庭雙方辯護卷宗密密麻麻堆積如山，要在有限時間內，周詳審閱及判斷，要當一個盡職的法官，真不是人幹的，要有過人的體力及毅力，尤其「竹三案」這麼複雜的工程糾紛，除非如同工程會專家具備有多年實務及專業的仲裁功力，才能弄清楚怎麼會事，法官不是神，怎可能樣樣精通，儘管法律是弱勢者在絕望中的一線生機、一絲光明，但全心期盼，是不近實際的想法。

　　法律是「人」訂出來的制約工具，基本上操作仍是「人」，如果在位者堅持不干涉司法，應指靜態的法律條文，如果是動態的「人」的思考及行為，是一種不近實際的想法，從中正大學調查目前台灣有74.5%的人

質疑審判的公平性，而一般勝訴者不管原因大多沉默稱許，而敗訴者一定高喊「司法不公」，其實無所謂司法不公，而是正確的講是「司法人不公」，但司法人基本上仍然是凡人，非神非魔，不應神化也不能妖魔化。

　　一個非法律人的認知及社會一般常識，如果法官是診斷社會病況者，則醫生是治療身心疾病者，一個醫生所受訓練，如係一般疾病如同家庭醫生，都能給予適當治療，但有重大疾病則非專科醫生不可，尤其要動手術，如牙科、眼科、心臟血管、泌尿、神經外科、腸胃、婦產科等等，必須有專業訓練及實務經驗才能做正確判斷及親自動手才能為病患服務，但法官判案，依目前台灣法律審理制度，除民事、刑事分開外，法官分案審理，面對案情千奇百怪，社會如此複雜，人性如此多面向，如何對公司治理、財會糾紛、醫事糾紛、社會問題、宗教問題、智慧型犯罪、工程糾紛能深入了解，許許多多涉及實務，如無實際經驗，如何分辨是非，用心者找判例參考，不用心者依「自由心證」或「社會經驗法則」判案，因無實務歷練，許多真相根本弄不清楚，層層審理，如至最高法院形成判例，冤案的發生即成了常態。

　　一些「社會事」與「法律事」同一件事的認知完全不同，一些商場、政治上的「潛規則」並非「社會經驗法則」「一般人均不致懷疑的事實」能講得通，尤其道高一尺，魔高一丈，智慧型犯罪很難留下直接證據，哪有前例可循？哪有判例可參考？關刀抖菜刀，張飛打岳飛的判決，不是怪事。

　　司法人雖然受過一般人更專業的法律訓練，但不一定比一般人有更多的道德薰陶及行業別的專業素養。一位資深的司法人分析，司法人也是社會一份子，也有常態分配，約三分之一司法人，立志以伸張社會公平正義

為志向，行事規矩，玉骨冰心，為法界中流砥柱，約三分之一的司法人，因會讀書而考上司法官，有一穩定的工作，但身處象牙塔內，不食人間煙火，不知人間疾苦，人民上法院只能自求多福，另有三分之一的人無論當初是志向或機運，成了司法官，法律專業能力高，但道德素養卻不足，無法承受物慾誘惑，司法權力就成了謀利的工具。

尤其當今社會的多元性及多樣性，除非歷盡滄桑，尤其一些年輕的司法官，本身就是社會新鮮人，卻擔負判定是非黑白決定勝敗生死重任，如遇到學理經驗豐富辯才無礙，且不論是非只計成敗的一線大牌律師，面對這些同行前輩，一個菜鳥要作出正確的判斷，似乎在做猜謎遊戲，而資深者愈世故，社會關係愈複雜，親友、同學、長官、部屬、朋友關係錯綜複雜，容易被人情世故、利益引誘及利害衝突所左右。

而司法圈也如同一般社會圈，司法掮客靠什麼謀生？存在最瞭解司法生態之中，有政商關係、司法退休人員、專業律師，也存在親友、同學、同事、朋友之間，依目前台灣司法體系及制度，法官的法律素養、人品、社會經驗、宗教信仰、政黨傾向、社會經驗，謹慎思考所形成的「自由心證」，個人偏好所形成之預設立場，加上律師攻防的技巧及手段，對司法的判決，你「相信司法」的程度，就看你的認知了。

9.2 從嚴法則與社會經驗法則

　　法律之前，人人平等，但司法的天平，實際上在兩造之間是不會歸零的，因為有輕有重，而孰輕孰重，要看你的身份地位及擁有的社會資源。甚至有些國度連膚色及信仰都不會公平的，這是人性使然，也是社會現實。

　　法官是法律菁英，接受法律專業訓練及薰陶，在法治社會是人民信賴的裁判，如果一出社會就投入司法工作，社會實務經驗會明顯不足，如坐井觀天，自以為是，對事實的認定會產生極大偏差，會讓人摸不清也搞不懂裁判標準，司法怎能獲得人民信賴。依現代法治的意義，人民是司法系統的「使用者」，司法判案的兩個法則是值得商榷的。

　　首先談「從嚴法則」，一般用於政商巨賈及公眾人物，因動見觀瞻，尤其是擁有雄厚社會資源者，法官對犯罪的認定，不得不比一般庶民要謹慎，因稍為偏差或疏失，必招來強烈反擊。除非疾惡如仇，否則多半會明哲保身，不必自找麻煩，尤其台灣司法體系還帶有官僚氣息。

　　以目前政治生態，擁有社會資源者，能操控媒體、滲透司法體系，甚至影響政治，再塑造滿口仁義道德的社會形象，處事行徑如川劇變臉，一般庶民是弄不清楚何者才是真面目。針對犯意聯絡及行為分擔，只要計劃周詳，再加上「無罪推定原則」人民企望公平正義的司法審理及判決過程，「從嚴法則」成了最佳盾牌，令居弱勢的受害者，含冤莫白，甚至遭受二次傷害，所謂司法為民的「法治」實際上是因事有別，因人而異的。

在「竹三案」自訴審理過程，可以看出不同法官對「從嚴法則」有不同的價值判斷，地院一審第一組法官，不計身份要求尊重法庭，無特殊理由必須出庭。但第二組法官在審理期間以公司忙碌為由，請假不到庭，竟輕聲問辯護律師「王小姐忙完了嗎？」，讓人產生錯覺不知自己身在何處？

到高院更令人錯愕，從準備庭到辯論，連出庭都沒必要，我們看判決「被告王瑞瑜經合法傳喚，無正當理由不到庭，爰不待其陳述，逕行判決。」身為受害者，無言以對。

雖然不知法官心證的形成，或「從嚴法則」是不得不的作為，但資訊如此透明的時代，事實絕對不可能船過水無痕，任何事必留下痕跡。尤其已成公眾人物，站在燈光燦爛的人生舞台上，你可能看不清觀眾，但一舉一動逃不過眾人的目光，而所有判決內容上網都看得到，如果與社會認知不符，偏離事實，會讓人認為「從嚴法則」無形中成了政商巨賈的法律保護傘，司法人不公，自然成了揮不去的陰影，法官心中只有一把尺，則法律面前人人平等，如果因人而異有長有短，那就不只一把尺，法律之前人人平等只是說說而已。

而「社會經驗法則」與「一般人均不致有所懷疑的事實」理應一致，但社會如此多元，三教九流各行各業，俗語說：「一人呷一途」，價值觀不一定相同。以「竹三案」實務為例，投資協議書內容，為什麼不把爭取「竹三案」直接寫在內，而提至大陸投資及協助融資事宜？立場不同所認知的社會「經驗法則」是各取所需，結果是南轅北轍，而法官依「社會經驗法則」所形成的心證是什麼，幾乎可由判決洞悉在審理過程中早有定見，茲敘述實務例子。

1. 公司重大業務在爭取階段，理應向董事會及股東會揭露，才合乎「社會經驗法則」V.S.公司重大業務在爭取階段屬於業務機密，避免洩漏商機給競爭者，必須保密才合乎社會經驗法則。

2. 因合作方身份地位至大陸投資合作進口砂石生意，合乎社會經驗法則V.S.進口合作砂石生意在台灣是一項特殊行業，必須具備特殊身份及背景，志品科技根本不具備此條件才是「社會經驗法則」。

3. 合作原因是協助志品科技在大陸銀行融資；因合作方身份地位，銀行信用具備此能力，合乎「社會經驗法則」V.S.台商在大陸銀行融資，不能用台灣本地方式思考，何況合作方在台灣已信用受損，幾乎不可能才合乎「社會經驗法則」。所以所謂「社會經驗法則」是不是「一般人均不致有所懷疑的事實」，可能有非常大的爭議。

　　什麼是公司的業務機密、財務機密及技術機密，依公司層次而定，而法律人、商人、研究人員、政治人的認知不一定相同。因此所謂「社會經驗法則」是針對社會一般通識，如同有人相信有「鬼魂」，有人根本不信，信者恆信，不信者恆不信，沒有爭論的必要。因信與不信也來自「社會經驗法則」。而法律上的「社會經驗法則」其實就是不同立場所找的憑據，其基本上不是單一定調的事。如同派兩個人去非洲推銷鞋子，所得結論一是非洲人都打赤腳不穿鞋子，根本沒有市場；另一是非洲人都沒穿鞋子，所以鞋子市場無限大。這都是個人依「社會經驗法則」所得結論，其實兩者都對，可能兩者有一方是錯的。而法官所依據的「社會經驗法則」根本不是一般人均不致有所懷疑的事實，甚至立場不同「社會經驗法則」各自解讀。

　　而法官的「社會經驗法則」與社會一般的認知有無差異，是一件待商榷的事，而當今台灣司法界對「人民是司法系統的使用者」多少人有此觀念？如依法匠的思維，司法是不能干涉的，司法是不容懷疑的。而另一類

熟悉法律者，知道司法漏洞在那，遊走法律邊緣，則社會公平正義根本不存在，怎麼會是「一般人不致懷疑的事實」。而法官的「社會經驗法則」因人而異，因事而別，對受害者毫無意義。

9.3 法官的「自由心證」

　　如依現代法治的意義，人民是司法系統的「使用者」，法律是社會諸行業及行事之遊戲規則，一旦有所偏離法官是裁判，依民主素養理應尊重裁判的判決。但法律不盡完備，可遊走其邊緣之上，有漏洞可鑽，而「司法改革」跟不上社會腳步之際，日出日落，每日遊戲仍然照常進行，法官要做好裁判的工作，除了本身法學素養，還要參考判例，如無類似判例，在沒有陪審制度的體系，就得靠智慧去分辨是非黑白所形成的「自由心證」。

　　在自訴期間，每次開庭前與律師討論事實的陳述及研判對方辯護律師的攻防及法官的對事實的判別，能當上法官及執業律師，對法律條文都瞭若指掌，對事實的構成要件，理應沒有太大差別。但令律師最擔心的不是法律，而是法官的「心證」，年輕律師滿腔熱血，實戰經驗不足，初生之犢不畏虎，而愈資深的法律老將愈擔心，因任何判決結果都有可能，沒看到判決書前，除非有特殊管道，或事前已達某種默契，一般心情是七上八下，起伏不定。

　　一般人在判斷一件事，或做一項決定，無論過程是「快思或慢想」，或多或少都有不知不覺的潛意識或預設立場，所形成的「主觀」意識，因家庭背景、成長過程、後天教育、宗教信仰及生活方式或工作經驗，或因先入為主，成了決定基礎，因人而異，除非因交往而熟悉，基本上是陌生的。從「竹三案」的判決，儘管有人告訴我，依目前台灣司法體系，面對掌握社會龐大資源者，如同小蝦米戰大鯨魚，尤其以自訴方式控訴，能成案已經不簡單，但要勝訴機會渺茫。而我寧願相信，在審理過程中，法官早有了「心證」，但我不認為法官真正了解真相，尤其「竹三案」如此重

大公共工程的特殊案例，其成案經過及招標過程，涉及非常複雜投標須知及採購法最合理標的精神，如無工程實務經驗，僅憑訴狀及雙方律師攻防技巧，就能明辨是非，做出正確的判決。

從「竹三案」衍生的訴訟，也看到台灣目前司法制度所謂「司法獨立」，根本在指「執法人」而非典章制度，在沒有陪審制度的審判程序，「執法人」的人格特質所形成的「自由心證」，有時佔很大的部份在做判決，其實你的「生死」存在「執法人」一念之間。

而「執法人」也是人不是神，都有不同的個人性格、好惡、信仰，甚至政治理想，依目前司法體系及制度，法官個人的素養、人品、社會經驗、教育背景所形成之慣性思考，以及在審理過程中，雙方律師攻防技巧及手段所導引「先入為主」的看法，加上個人信仰及偏好，無形中形成的預設立場，在最終判決前，心中早有定論，審理只是符合程序而已。這種定論如同先射箭再畫靶，有判決書內容，其實在為定論做詳細補充說明而已，事實真相卻成了羅生門，如同各據立場，各有各的看法、想法及說法，產生無數個版本去敍述同一件事，法官不知不覺也加入陣容，不但於事無補，反而愈幫愈忙。表面上判被告無罪，實際上如同判「竹三案」違法，是否是法官的「大智慧」，我不知道，但結果詐欺不成立，是因為詐欺所得根本拿不到，由新竹縣以「違法」終止合約的結果論來看，一場現世報呈現世人眼前。

我個人想這也是許多法律案件，同一件事、同樣的法律條文，不同的法官見解不同，會做出不同的判決的原因之一，法官的「自由心證」對判決影響有多大，是否會對人民、對裁判的基準及規則混淆不清，則要留給法律專家去思考了。

9.4 直接證據與間接證據

　　一般理解法律判決需講求證據，而證據的認定，基本上還是由法官來判定。一般無罪判決文，幾乎與「竹三案」相類似：「按犯罪事實應依證據認定之，無證據不得認定犯罪事實，又不能證明被告犯罪或其行為不罰者，應諭知無罪之判決。」這一點普遍被認同沒有疑問。但是「次按認定不利於被告之事實，須依積極證據，苟積極之證據，本身存有瑕疵而不足為不利於被告事實之認定，即應為有利於被告之認定，更不必有何有利之證據，而此用於證明犯罪事實之證據，猶須於通常一般人均不至於有所懷疑，堪予確信其已臻真實者，始得具以為有罪之認定，倘其證明尚未達到此一程度，而有合理性之懷疑存在，致使無從為有罪之確信時，即應為無罪之判決」。何謂證據本身存有瑕疵，何謂一般人均不至於有所懷疑，而最高法院判例是否類似控訴內涵，則令非法律人能摸得清楚。其實不管判決文有多長，只要看到這一段，判決內容已呼之欲出，已有定論。

　　如法律是維持社會公平正義，杜絕犯罪的系統，證據是判定的依據。但對智慧型集體犯罪行為，湮滅證據是件最基本的鬥法行為，尤其計劃周詳，只要犯意聯絡，行為分擔精細，縱然失手被抓到永遠是幕前那只木偶，而幕後那隻手很難抓到，甚至真面目永遠成謎。對受害者而言，明明心知肚明誰才是真正加害人，但苦無證據，上了法院，空口無憑，其結果甚至比不上法院更悽慘。

　　而證據有直接證據及間接證據，而「犯罪事實依證據認定之」是指直接證據或間接證據？縱然有證據而「苟積極之證據本身存有瑕疵，更不必有何有利證據」。令人摸不清法官判決的基準是什麼？

　　如果是參考最高法院的判例，但判例上萬件，法官如何找到類似案情的判例做為參考依據。如果案情不同，其判決結果怎能參考，甚至當做案例做為判決依據，不禁讓人感受似乎依預設立場，在最高法院的判例檔案中，選擇符合既定判決方向的判例，而不管此判例是否與審理的案情是否相似。以「竹三案」的自訴案及衍生訴訟中，即很難讓人相信中華民國最高法院有類似的判例。法官們受過非常嚴謹的法學訓練，比一般庶民瞭解法律的制度及規則。依目前司法制度一事不二理，如按人民是司法的使用者，但遊戲規則卻由法官決定，人民很可能從使用者成了受害者。

　　一般非法律專業的庶民，往往對犯罪的構成要件不瞭解，只要受害上法院，因手握之直接證據及間接證據即能找回公道。一旦上法庭，才知道間接證據不如直接證據。而所有證據不如判例，而判例不如法官「心證」，則打官司對庶民而言是一件悲哀的事。如法院只強調被告的人權，藐視被害的傷痛，公平正義的天平是傾斜的，當然誤判也不能還給受害人真正的正義。但可以確定的是法官只憑心證及不相干的判例做出「大概判決」，是國家司法改革必須重視的一件大事。

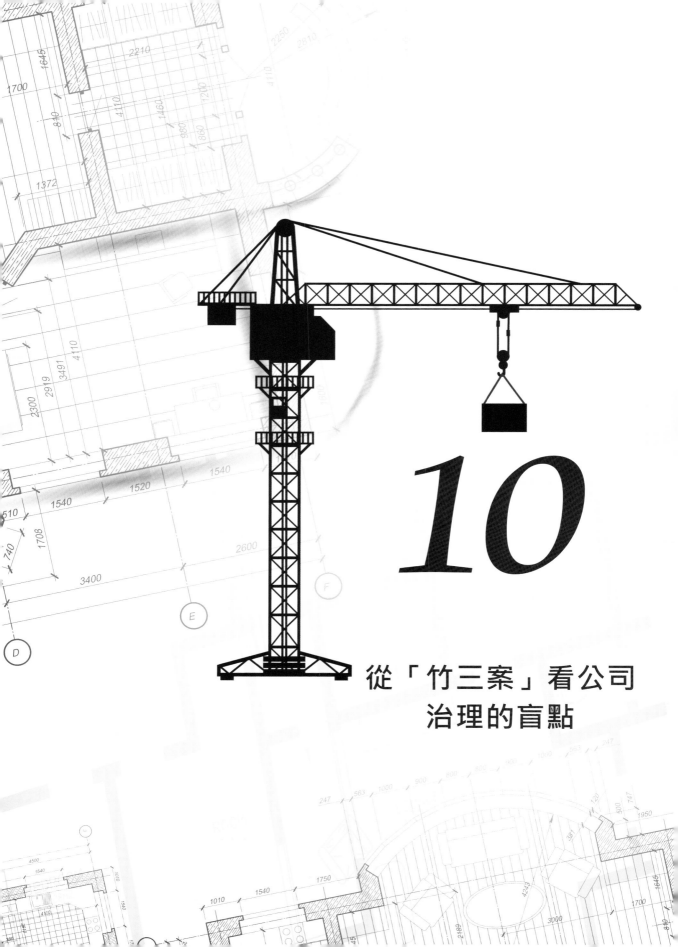

10

從「竹三案」看公司
治理的盲點

10 從「竹三案」看公司治理的盲點

10.1 公司高階經理人之公事、私事、家務事

「竹三案」對志品科技無疑是揮不去的夢魘，要說清楚講明白，除了「業障」找不出適當的因果關係說明一切，這一切要從權力所帶來的私慾談起，權力愈大所闖下的紕漏愈大，所造成傷害也愈大，而正式權力，有法、有權、有責、有其約束力，而無法可管的是非正式的權力，其存在有正式權力者的身邊、身後，通常是他們的家人及親屬，因有特殊身份無形中擁有特權，自然產生非正式權力，因不在體制內無法節制，自古以來在情理上存在不可避免的事實，如果不自我約束，表現合乎身份的行為，在物慾橫流的社會，會成為麻煩製造者。

如果又處身在體制內，不但擁有正式權力，同時又擁有非正式權力，不管職位高低都會凌駕在管理體系之上，形同皇親國戚，法外的權力慾會令人猖狂，在資訊透明的現代社會，公司到一定規模，已成社會公器，而公司主要經理人，已成公眾人物，如果忘了自己已是「名人」，脫序違法的行徑，其下場只能令人嘆息！

我們看李宗昌，身為台塑創辦人王永慶董事長的女婿，形同駙馬，在台塑集團身居要職，如日中天，卻私下在體制外成立瑞隆科技公司，生產銷售技術及資金密集之高科技電漿電視PDP，從公司取名「瑞」「隆」可看出對王瑞瑜相知相許，有深刻期待，自己擔任董事長，哥哥李宗學擔任總經理，頂著頭銜似乎忘了自己必須負公司經營最終責任，要對成敗負

責，而高科技領域競爭激烈又現實，如無紮實的技術團隊，只能跟在對手後面幾乎無利可圖，沒有雄厚資金，根本沒有資格玩燒錢的遊戲，而在體制內，台塑集團之台朔光電，也從事PDP行業，要競爭還是合作，兩者都有客觀的困難，當液晶電視TFT技術突破，PDP即面臨淘汰的命運，如果只做後段組裝，下場更慘，因所有庫存零組件轉眼成了廢料，血本無歸，銀行是現實的，一旦授信逾期信用受損，立即緊縮銀根，已身為「名人」要脫困又不能公開自己，當重大過失不能揭露，必須用另一行為去掩飾，因身份特殊，在體制內本是被刻意巴結的對象，自然有人願意挺身而出，形成喬揚投資及喬揚集團，最便宜方式即行使非正式權力，此即王瑞瑜所稱「……以我的家屬身份及地位，我有協助我先生的能力……」。

　　一個公司規模愈大，其擁有的社會資源愈豐富，而這些資源即掌握在公司高階經理人手上，如將這些資源用在公司發展上，是一股龐大的力量，這是公事，也是職責所在，如果利用身份將資源用在公司體制外私人的事業上，公器私用在一般職場是不允許的，如高階經理人又是負責人的家人、親屬關係，其擁有的正式權力更大，能操作的資源更多，再加上非正式權力，公事又涉及家務事，外人不便過問，幾乎無法可管，成了無法無天。

　　因此許多企業為避免這種麻煩，明文規定同一家人、親屬不能在相同公司及部門工作，是一項明智的規定，因彼此有合乎身份的表現還好，如果在公事與親情上難以取捨，如果相互掩護，最容易形成藏污納垢的溫床，公司內的行為是有感染性的，無形中形成風氣，整個組織制度形同虛設，一旦造成傷害如果企業規模及基礎雄厚，頂多成了可控制的損失，如公司實力不足及對外造成傷害，即造成難以彌補的災難，我們再進一步檢視瑞隆科技及其後續發展一系列事情，瑞隆科技資本額僅3億元，且大部份股東都是台塑員工慕名而來，李宗昌、李宗學又不具科技基礎，只期望

147

利用「身份」與台朔光電尋求合作，而台朔光電本身也虧損連連，後因虧損超過百億而退出市場，只能接一些零星訂單，又因副董事長陳容事件，弄得廖姓總經理「人財兩失」退出，由李宗學擔任總經理，瑞隆科技虧損持續擴大，終至不可收拾，因顧及台塑員工股東及台塑形象，由「家長」出面填補「帳面」虧損，而隱藏的虧損都未揭露，即庫存半成品及關鍵零組件，至民國94年由於TFT液晶電視之背光模組，彩色濾光片及驅動IC技術突破，PDP已面臨淘汰，這些過時的PDP庫存形同廢料，銀行也因授信逾期信用受損，又適逢台塑集團安排接班，成立七人決策小組，又不能替王瑞瑜再找麻煩，李宗昌乃邀請曾雪珍（曾馨誼）及王頌文從高雄北上成立喬揚投資公司，李宗昌為董事長、曾馨誼兩位兒子出名佔30％之股東、王頌文5％佔一席董事，而王頌文原有之忠煦公司、保煌公司及其女友出名成立葳華公司，形成所謂「喬揚集團」，整個經營運作主要目的利用王瑞瑜信用向銀行融資，以掩蓋瑞隆虧損，我們看整個銀行授信均為短期放款，以挖東牆補西牆方式債務愈滾愈大，高達30億元，正在一籌莫展之際跑來一家志品科技公司。

　　民國95年2月喬揚集團在世貿聯誼社舉辦尾牙，當時擔任瑞隆執行長侯建中邀請志品科技董事長、執行長總經理參加，席中認識李宗昌、王瑞瑜、曾馨誼及王頌文，之後95年間雙方接觸頻繁，主要憑藉喬揚與台塑關係承接工程，如有利潤雙方共享，其中值得一提是想借助志品科技由大陸進口砂石至台灣六輕，但砂石業在台灣有非常特殊的生態，志品科技公司屬性根本不可行，因而作罷。

　　至95年7月間曾馨誼首次提議「竹三案」與友力公司以介入權方式合作之可行性，因志品科技在竹科完成焚化爐及竹科二期篤行營區之廢水處理廠，對竹科管理局及新竹縣均有連繫管道，經瞭解依採購法及公共工程管理規定，合約簽訂者為榮久公司，友力僅為下包，介入權於法無據必遭

解約。因此積極籌備投標組合，由於新竹縣必將提高投標資格，而榮久公司解約主要原因之一即無法取得銀行聯貸，因此由王瑞瑜出面取得銀行信用，由志品科技擔任主標並組織團隊，自有資金40億元接洽日本歐力士ORIX公司提供。

同時為確保雙方合作，喬揚公司投資志品科技成為單一最大股東，於95年9月8日簽訂投資協議為保持業務機密，於志品科技原內湖瑞光路302號7樓成立專案辦公室，而原台塑海外處處長張貞猷亦加入團隊。

日本歐力士ORIX公司非常重視「竹三案」，其本社副社長並率團親自拜訪王瑞瑜，一切備妥於95年11月18日正式與新竹縣長夫婦於竹北江屋日本料理正式會面。因新竹縣府有榮久公司得標經驗，對志品科技、王瑞瑜代表的台塑集團及歐力士資金之團隊，當然期待至深。

誰知志品科技因被設局跳票，由廣昌資產公司坐上檯面，得標後台塑撇清關係，日本歐力士ORIX公司根本沒參與，廣昌資產公司於99年7月改組，由台塑重要幹部張復寧、雷震霄擔任董事，御用律師林志忠擔任監察人，而幕後真正接手操盤者為亞朔開發公司，而實際負責人為張復寧，但廣昌資產董事長仍由李宗學掛名，而廣昌資產發文新竹縣政府「本契約所繫屬之開發權，並未包括於本公司委託亞朔公司管理契約所涵蓋之範圍內，為求貴我雙方之有效溝通，敬請貴府逕與本公司法定代表人（李宗學）聯繫……。」何謂「管理契約」？其範圍涵蓋內容？如此重大之公共工程，目前到底實質負責人是誰？對張復寧而言到底是公事？還是替私人委託服務之私事？但如果擺不平王家家務事；李宗昌、李宗學兩兄弟，「竹三案」對亞朔開發而言，如同友力公司，名不正，言不順，只能繼續停擺。對張復寧所謂全權負責，也只是說說而已。

10.2 疑人要用與用人不疑

　　一般老生常談，都是「用人不疑，疑人不用」，但某些狀況卻是「用人要疑，疑人要用」。從「竹三案」這件獲利超過百億的大案，為何弄成今日僵局，問題就出在用人上面。志品科技單一最大股東，喬揚投資的共同負責人李宗昌口中的不肖財務人員曾馨誼，其實是94年喬揚投資成立，曾馨誼以兩個兒子名義佔30%大股，而本身掛名執行董事，掌管李宗昌私人身份證及印章，形同心腹，為喬揚投資集團對外業務接洽及銀行往來代表人。

　　在「竹三案」96年3月12日第一次開標前卻手握高達3.1億由李宗昌及王瑞瑜背書的遠期支票，自稱是做為「酬勞」。在96年2月間喬揚集團與志品科技聯合暮年會上，李宗昌還當眾感謝曾馨誼夫婦的辛勞及貢獻。

　　在96年4月9日前幾天，不但手握3.1億支票，亦隱瞞已在3月15日成立廣昌資產公司，自己佔30%之事實，明知忠煦公司已將志品科技開立96年4月10日到期3000萬支票，忠煦公司早向大眾銀行票貼，根本不能抽回。竟然代表李宗昌至志品科技與財務長吳尚飛協商，雙方共同抽票。而吳尚飛也早知對方支票早已票貼，竟然將對方96年4月9日之3000萬保證支票不但不放在銀行託收，而鎖在自己保險櫃內，令公司沒有戒心，甚至在96年4月10日當天在台塑大樓，共同演出志品科技跳票惡毒戲碼。

　　經由衍生訴訟才瞭解，當初共同設立喬揚投資，本來就是雙方互相利用平台。李宗昌利用曾馨誼出面向銀行借錢，每次貸款均給付「佣金」，在李宗昌眼中為求解決燃眉之急，曾馨誼只是暫時不得已可利用的一個棋

子，表面上關係密切，相互信任，現在看來如同免洗內衣，用來貼身，用過就丟。而在曾馨誼眼中一度認為，李宗昌、李宗學只是可謀利可操弄的人頭。在衍生訴訟證物中，顯示為掩蓋瑞隆科技巨額虧損，想出利用王瑞瑜身份、地位及信用，以短期借款填補長期虧損，以挖東牆補西牆方式，洞愈補愈大，最後高達30億元。每筆貸款之文件均無曾馨誼三個字，乾乾淨淨，毫無銀行還款責任，債大不愁，又有佣金可拿，借得愈多，拿的也愈多。對銀行而言，只要有王瑞瑜背書保證，儘管授信有業績又有利息收入，不擔心還款，反正跑了和尚跑不了廟，有求必應盡量放款。而結局還是經營之神王永慶老先生為了維護台塑集團信用及家族的聲譽，全部默默地買單。

如依曾馨誼計謀「竹三案」一切順利，不但佔最大投資者喬揚投資30%股份，又是執行廠商廣昌資產30%大股東。在百億利益未落袋前，又有3.1億支票，幾乎是最大贏家。豈料李宗學自首，自承認入資不實，將廣昌資產3億資本額減資成200元，30%股份成了60元，而3.1億支票李宗昌報遺失，反告曾馨誼偽造有價證券及侵佔，從衍生訴訟資料，雙方不計情面，恨之入骨，真是用人要疑，疑人要用。如不能謹慎戒除貪婪，結局是兩敗俱傷。

而用人不疑，疑人不用，因人性的貪慾及多面相，有其不可測的難度。

從「竹三案」志品科技信用受創另一關鍵人物，即身為公司財務長之吳尚飛，為何明知志品科技開給對方3000萬支票早已票貼，不可能抽回。而開票銀行彰化銀行城東分行公司存款僅1700萬，如不將對方保證票託收，公司必定跳票，卻將支票鎖在保險箱內，也不事先告訴公司採取必要

措施。尤其是喬揚集團在96年3月底尚有1.5億元借款，未依承諾還款，不事先要求還款，至少也得把彰化銀行志品科技帳戶補足，以防萬一。卻事前代表公司與曾馨誼演一齣「雙方協議共同抽票的戲碼，而在96年4月10日當天隻身在台塑大樓等對方籌3000萬現金。」

一般常識3000萬現金也要事前通知銀行準備，否則一般分行哪有隨時放著3000萬現金。更可惡的是明知董事長不在台北，卻以電話連絡並轉由曾馨誼告知李宗昌兄弟在準備，不用擔心，直至下午5時才回報來不及。今一個信用卓著公司無預警巨額跳票，身為公開發行興櫃公司財務長，不可能沒有常識，但為什麼這麼做？令人痛心疾首。

「用人不疑，疑人不用」，一般決策者均為是否充分授權的前題，但一旦授權，如無嚴謹的監督機制被授權者形同有權無責，全靠個人良知及道德規範自我約束。當今金錢掛帥，物慾橫流，如經不起誘惑，行為產生偏差或遭人利用，對授權者及組織產生極大傷害，甚至一場災難。再談視人不明，用人不當則悔之晚矣。

一般被授權者，行事風格不夠謹慎，被人設局受騙產生損失，最後承擔者仍是公司經營之負責人。而充份授權基本上都是親信或值得信賴的身邊人，一旦失察，是一件非常可怕的事。因危險如同一顆定時炸彈就在身旁，而且沒設防，往往措手不及。對志品科技而言，「竹三案」被設局跳票，其實是一件裡應外合，難以想像的遭遇，是一個血淋淋的教訓。

10.3 公司業務機密與公司內控

公司業務機密事關公司未來發展，為避免商機洩漏，一般均由少數相關人員參與運作。但成敗卻影響整個公司，因此雖屬「機密」，仍必須與公司風險內控接軌。依授權等級，以不同專業分工負責，將公司經營風險降至最低程度，同時分析公司對風險承擔的極限。

業務運作難免關室密談，往往不留記錄，尤其中國人經常把「誠信」掛在口上，而誠信只是一種行為通識，尤其在商場，兵不厭詐，一旦對方心存不軌，把「信用」當作為達目的必要手段，在成敗論英雄的現實世界，當公司遭受重大損失，因無任何文書紀錄，成了空口無憑，百口莫辯，愚不可及。

而愈「機密」反而愈令人感到興趣，蛛絲馬跡，流傳迅速，再加上猜測幾乎完全失真。如有心人運用，紕漏麻煩自然產生，甚至到無法收拾地步。因此機密加內控並不衝突，反而令事情更清楚，千萬不能便宜行事。尤其公司決策者，絕對不能因「機密」令事態不明朗，因「明智的人不會相信模糊不清的事物」。

任何協議必須以文書記錄，而且要雙方簽署。如因特殊原因，亦須以內部文件方式說明內容及原因，這絕非「誠信」可替代，更與身份地位無關。尤其「誠信」遇到利害關係會因立場而改變，身份地位也會隨時空、環境而改變。當物換星移，一旦利益衝突，昔日合作伙伴，反目成仇，形同路人，即死無對證。

　　以「竹三案」為例，列為雙方公司業務機密，設專案辦公室，管制進出，所有文件，看不到有關「竹三案」事情，而以其他事件代表，會議不留記錄，在自訴期間，在法庭上面對謊言、狡辯技巧，才讓人領悟深信「誠信」讓人感覺是幼稚到極端的行為。

　　尤其身為公司決策者，不能聽信所謂「誠信」，才是「一般人均不致懷疑的事實」。當然在商場上以「一諾千金」，以「誠信」起家的企業非常多，台塑王永慶老先生就是一個典範。但講「誠信」的先決條件是要面對同樣以「誠信」為行為準則者，同時要將雙方風險管控得宜，決不能一廂情願。

　　因「誠信」與「承諾」必須綁在一起，否則誠信根本不存在，而承諾與能力不能切割，因無能力怎能實現承諾，而承諾不存在怎可講誠信，因根本是空話。如相信空話而信以為真，是愚不可及之事。因此講「誠信」的先決條件，是能確認雙方確實有能力有誠意去實現承諾，否則一方即為不折不扣的騙徒，整個事件即為一場騙局，身處其中，只有兩個下場，成為騙局的受害者或被利用成騙徒的同路人。

　　因此風險管控可透視「誠信」的真偽，誠信如果模糊，一文不值，這與社會身份地位無關，甚至與過去行為記錄無關。

10.4 股東間利益衝突

　　公司股東又掌握經營權，是公司經營成敗最終責任者，身負全體股東之重託，理應競競業業為所有股東謀取最大利益。而另一形態，公司大股東雖未掌握經營權，依一般公司法及公司章程，亦是影響公司重大決策及決定公司成效的關鍵。

　　因此公司大股東是公司支柱，利益目標與公司一致，則是公司之福，如有私心作祟，產生利益衝突，則是公司災難。因此公司股東往來，不能脫離公司治理原則，尤其參與公司重大利益事項，對有債務纏身的股東，必須有戒心，甚至排除在外，等功成利就後，按公司利益再分享其應得部份。因「債務和謊言常混在一起」，債務纏身如毒癮發作，會失去理智，為達目的不擇手段。其所有行為真偽，令人無法分辨，因其行徑令人匪夷所思，常為一時應急，不做長遠打算，甚至不計後果。

　　「竹三案」就是一個典型例子，大股東為一己私利，不但毀了志品科技基業，自身官司纏身，把整個「竹三案」延宕，結果被違法違約終止契約，害人更害己的現世劇。而事後反思，真正要檢討者，不是大股東，而是公司經營決策者。當一項重大業務，事關公司未來發展及全體股東權益，針對單一股東必須依公司內稽內控作業，不能例外。尤其財務往來，更應依公司治理規範，以防公司遭到不測的風險。尤其針對利益絕對要避免有衝突的空間，一切列入風險控管，才不致讓人有機可乘。就像遭恐怖放置炸彈的巴士，以為放置人也在車上，但一聲巨響，人車俱毀，再去追究責任，也無法彌補其他無辜者的傷痛。

　　尤其像「竹三案」這種上百億的巨大利益，如果認為所有參與股東，會靜待完工後分享成果，不作非分之想，是超乎常理的思維，人為財死，鳥為食亡，當見財忘義，謀財害命之事，古今中外不勝枚舉。尤其背負巨額債務者，怎可能會配合整個公司經營發展，而不會不擇手段奪取利益，不計後果應付燃眉的債務。當公司災難產生，再去伸張正義，對無辜受害的其他股東已毫無意義。因此一個公司經營決策者，對重大利益應以「匹夫無罪，懷璧其罪」的心態，不但要防範公司商機外洩，也要對內管控，以防利益衝突的產生。否則就像恐怖攻擊的巴士，一般防範外部攻擊，但從內爆炸，反而令人防不勝防，而且對無辜者更是殘忍。

　　許多事故，事後反思都是有跡可循的，只是輕忽防範。因政治宗教的衝突，最珍貴的就是人命，而公司利益衝突最珍貴的就是企業視為生命的信用。傷害信用形同一刀斃命，信用建立不容易，要摧毀卻輕而易舉。只要在關鍵時刻，致命一擊，而一般公司資金管控都注重對外交易行為，而股東之間往來，往往疏於戒心，而有重大利益產生之際，異常的行動，必定有其不可預測的原因及目的。如果公司決策者不謹慎應對，必定中箭落馬，悔恨莫及。

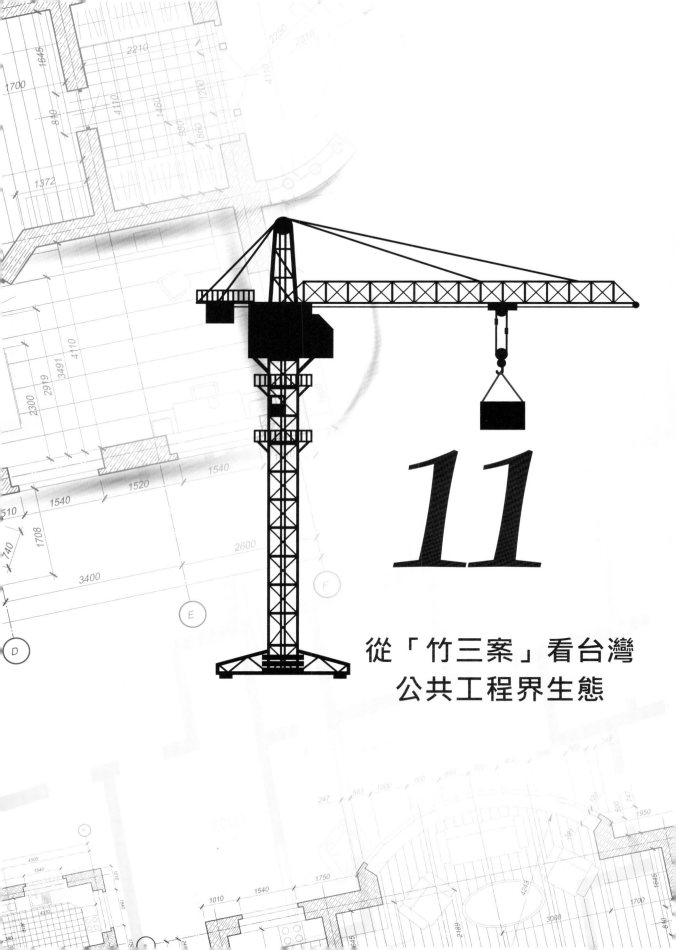

11

從「竹三案」看台灣
公共工程界生態

11 從「竹三案」看台灣公共工程界生態

11.1 台灣公共工程延宕違約事例之原因

要解馬英九總統第一惑「為何台灣公共工程比人慢？」答案非常簡單，工程三要件，預算、進度、品質，能確守即能順利推動及完成，先決條件必須「找對人做對事」，要「找對人」必須「對的人」去找，否則永遠找不到「對的人」，「對的人」其實是一堆人，包括政府主事官員、業主、顧問公司、評審專家學者、施工廠商甚至民意代表，從「太極雙星案」及「竹三案」延宕及違約的事例來看，這兩案之得標公司是不是「對的人」，如果不對，真正要檢討的是一堆不對的人，這種類似的案子，絕非偶發事件，在台灣到底有多少相同案例？

以40年前台灣推動十大建設為例，以當時台灣財力、人力、物力與今日不可同日而語，卻在蔣經國「今日不做，明日會後悔」號召下，全部工程在五年內全部完成，當時由行政院專案小組管控預算進度及品質，從國家領導的方向、政府官員的使命感及廠商參與的責任心及榮譽感，一堆對的人在做對的事，難道台灣已今不如昔，問題出在哪？

我們從「竹三案」來檢視，依「竹三案」開發目的及意義，當時由新竹縣政府、國科會新竹科學園區、內政部一直至行政院，應該是一項對台灣科技發展非常有意義的公共工程，竟然延宕十年，廠商的責任心、榮譽感根本不存在，上上下下政府官員，「竹三案」如同幽靈，幾乎視而不見，談何使命感，而國家領導的方向就不必提了，如果總統無惑，一般庶

民豈不無語問蒼天。

　　從「竹三案」看榮久營造及廣昌資產兩家得標公司，「竹三案」如此重要且規模龐大的公共工程，第一次公開招標於94年10月得標廠商為榮久營造公司，榮久營造成立於65年，資本額僅500萬元，如此有限財力及人力的公司，如何承攬及履行一件超過百億的重大工程？而是當時台灣首次政黨輪替，為打破舊習及壟斷，一切要「公平公開」的理念，而所謂「公平」就是不能有資格限制，只要公司組織都能參加「公開」競爭，這是當時氛圍，而經過「公平公開」評審得標之榮久營造公司雖然手握合約，事實上根本無人力及財力執行工作，連履約保證金都交不出來，而託由與台塑集團關係良好友力公司，向王永慶先生求助未果，終遭解約，5000萬押標金遭沒收。

　　而再次公開招標之得標廣昌資產公司，是96年3月12日第一次投標因參加公司不足三家而流標，依採購法第二次只要一家即能開標規定下，在96年4月12日公告前幾天於96年3月15日，匆促成立之公司，既無正式員工，也無資質，更談不上實績，連登記資本額都是暫借款在投標時已歸還，形同虛設行號，卻同樣手握合約，不但使整個工程延誤八年，還發生一連串不法情事，負責人及股東被提起公訴，最高法院判刑定讞，我們客觀看整起事件，為何離譜事一再發生？難道主辦單位新竹縣政府未記起教訓？讓如此荒謬劇在法制完備台灣一再上演，其中錯綜複雜的政商關係，不是一個縣級單位可以解決的，也不是一般庶民看得清楚的，我們看「竹三案」第二次招標前，95年11月18日在竹北江屋宴向前新竹縣長鄭永金所排定好的陣容，主標商志品科技公司成立於民國73年，資本額實收8億元，為公開發行興櫃公司，員工總人數超過700人，為甲級綜合營造公司，具有科學園區工程及環保工程實績，共同投標廣昌建設公司真正負責人為李宗昌，有王瑞瑜為首台塑集團支持，以王瑞瑜身份及信用「一般不

致有所懷疑」，而提供40億元自有資金者為日本歐力士（ORIX）公司。

如此組合所顯示的實力，在台灣工程界相對能競爭者實在不多，在95年12月20日因「竹三案」規模，歐力士ORIX日本本社副社長梁瀬行雄親自率領海外事業部負責人御手洗徹如及台灣歐力士日籍董事長中本寧、台籍總經理李同權，至台塑大樓與王瑞瑜、李宗昌討論，並在會後於台塑大樓餐敘，席中梁瀬問我，「竹三案王瑞瑜代表個人？還是台塑集團？」當時我回答：「以王瑞瑜台塑集團七人決策小組身份出面，當然代表台塑集團。」才令日本歐力士ORIX公司安心全力參與。而實際上最後坐上簽約檯面上的竟是一家在開標前匆匆成立的廣昌資產公司。

簽約後廣昌資產公司手握合約，王瑞瑜聲稱江屋宴僅是一般社交，與台塑集團無關，日本ORIX公司不見蹤影，遲遲不動工，向新竹縣政府表示在尋找「投資者」，尋求資金支持，又被原協定共同投標之志品科技控告背信、妨害信用、詐欺取財及詐欺得利，加上關連案件訴訟纏身，而「竹三案」停擺令承辦官員跳腳，卻毫無對策，得標廠商為廣昌資產，不是志品科技，又與台塑集團及日本ORIX公司無關，相信鄭永金縣長在江屋宴全體參與者之表態及共識，而最後結局由廣昌資產得標，豈不是一齣經典騙局，而且啞巴吃黃蓮，有苦說不出，而更令人扼腕的是廣昌資產事前設局使志品科技跳票，喪失主標資格，但不得不與結合分包商方式取得標案，簽約後取得銀行105億元貸款融資證明，竟發函新竹縣政府，以「不適格」的東欣營造公司取代志品科技，如同挑夫重了彩券，得意忘形竟將原謀生的扁擔丟到大海，忘了彩券夾在扁擔上的真實版。

而最近號稱國內史上最大規模聯合開發案「台北雙子星」案之太極雙星團隊，如果真是馬來西亞怡保花園集團及旗下馬來西亞谷中城集團參

與，我們到過馬來西亞吉隆坡看到谷中城的建設及帶給整個城市的效益，令人讚嘆，對台北市而言真是一大福音，但這兩家公司是馬來西亞上市的世界級開發商，如此大型開發案得標，一定會在媒體、網路發表利多，如果一點聲音都沒有，如同「竹三案」一般，我們主管官員不會覺得「很奇怪耶？」我們主管官員老是中規中矩，但道高一尺，魔高一丈，到底是哪裡出了問題，其實就是一堆不對的人，在做一堆不對的事。

11.2 最低標及最合理標

1. 最低標的意義及利弊

　　任何採購制度都應公開、公平，避免人謀不臧，實務上公開是必然的，但公平會陷入真公平及假公平的陷阱，較常爭議就是開標程序及資格限制，這兩件事往往綑綁在一起。先開資格標再開價格標才公平，還是資格限制才公平或不限制資格才公平，或資格限制是不公平還是不限制資格是假公平。在台灣目前政治生態，因立場不同，價值觀認定也不一致。

　　先看看最低標的實務及利弊，最低標依採購法的精神及宗旨，為避免人為操弄，以同等資格、相同條件、價格最低者得標，但實際運作上卻非如此，略述如下：

（1）實務上，如不能排除內神通外鬼、上下其手、裡應外合介入利益交換，即無法避免以公司規格、公司實績、設備規格綁標式圍標。

（2）因低價者得標，很難防止搶標，低價搶標所獲標案，成了財務不佳公司，財務周轉工具，挖東牆補西牆，如同5個鍋子3個蓋，公司經營疲於奔命，甚至危在旦夕，公司現金流量入不敷出，工程進度、品質完全失控。

（3）表面上最低標，各憑本事，一翻兩瞪眼，應屬公平公正，但實務上，尤其重大公共工程或建設，一旦低於成本，廠商無利可圖，進度掌控及品質管制失控，業主損失更慘重，畢竟公司生存靠盈利，虧本形同流血經營，絕無法持續。因此無論綁標、圍標或低價搶標都扭曲成本結構，直接反應到工程的品質，如人為因素將規格數量及圖面動手腳，預算及底價根本不真實，不是偏高就是偏低，令局外人摸不清楚，只有事先運作了解內情的「自己人」才知道如何下手。公告底價只是符合採購法的規定，偏高者造就綁標及圍標本

錢，偏低者預留空間，配合先得標者，工程進行中辦理追加追減，弊端叢生，糾紛不斷。

歸根究底，最低標之預算及定價必須準確合理，同理得標廠商之價格也必須合理，凡不能歸咎廠商之困難，業主必須主動協助解決。一旦廠商得標，業主及廠商甲乙雙方已成一體，決不能對立或各據立場，因如廠商嚴重虧損，如果能承擔還能預留爭議的空間，否則損失更慘重的會是業主，甚至會衍生社會成本。

1989年志品科技在馬來西亞為中華映管建廠，採BS（British Standards）之 QS（Quantity Surveying）工料測量制度，從建築師、顧問公司、業主及承攬廠商，成本核算均在誤差3%以內。大英國協以日不落國的管理概念，將工程爭議降到最低程度的方法，不得不令人感佩。凡採BS之QS制度的國家及地區如香港、新加坡、馬來西亞、澳洲、紐西蘭、加拿大，工程推動較少爭議，有其原因。對岸大陸13億人口，幅員如此廣闊，又是怎麼管控的，我們看2008年12月1日起在全國開始執行之「建設工程工程量清單計價規範GB50500-2008」，在工程計價管理方面是一項重大改革，將工程造價領域與國際慣例接軌，這就是建築工程定額（Project Quota），其概念「建築工程定額是在規定工作條件下，完成合格的單位建築安裝產品所需要用的勞動、材料、機具設備以及有關費用的數量標準。這種量的規定，反映出完成建設工程中的某項合格產品與各種生產消耗之間特定數量關係，根據不同用途及適用範圍，由國家指定的機構按照一定程式編制，並依規定程式審批及執行，其目的為求以最少人力、物力和資金消耗量，確保建築品質獲取最佳經濟效益」。

這套辦法最早在1955年編制，1962年及1966年先後兩次修訂，在文

化大革命中被取消，形成建築成本核算無標準及效率，無從考核，造成不可彌補的損失。文化大革命後1979年重新頒布，1984年及1985年先後編制適合各地區的建築安裝工程預算定額，為各地區提供了重要依據。雖然這是中央計劃經濟的產物，但工程在編制施工計劃做為計算人力、物力和成本之依據，並依設計規定制定建築工程造價以及制定投標預算及底價，同時也可使投標廠商之成本合理性，以降低施工中不必要之爭議，在市場經濟形態的制度，更凸顯其功能及作用。

2. 合理標/最有利標之利弊及實務

為避免最低標之弊端，合理標應是最佳解決方案，但道高一尺，魔高一丈，合理標涉及人為因素更複雜，「竹三案」及「太極雙星案」就是典型的實例，比最低標之弊端更棘手、更令人頭痛。合理標如無法排除利益掛勾，其投標程序更難防止，事先偷跑、綁資格、實績、規格手法。

而合理標之決標程序，不似最低標當場開標，而是由政府官員、專家學者所組成之評審委員評定。但只要牽涉到人，制度往往就只是一個必須走的程序，表面上由產官學專家所組成之評審委員團，公平公正客觀評審，投標廠商得分是勝負關鍵，但如有人能掌握多數決，勝負早就定案，其他參與投標者，只是陪標而已，招標只是完成合法程序而已，了解內情者，根本不敢參加這種遊戲。

依採購法最合理標宗旨，以合理預算遴選最有實力及執行能力者，才能履行契約規定任務，新竹縣原先目的在此。「竹三案」在第一次開標，榮久營造得標，違約解除契約有其歷史原因，第二次開標，其實非常慎重的，在95年11月18日竹北江戶宴，擺出場面有代表新竹縣政府縣長鄭永

金夫婦，代表台塑集團王瑞瑜、李宗昌夫婦及原台塑重要幹部張貞猷，以及具科學園區工程實績之志品科技董事長李蜀濤及總經理蘇晉苗，並表明還有日本ORIX集團之40億自有資金支持團隊。明眼人一看就知道怎麼回事，這麼慎重的午宴，又不是例行餐會，一定有其意義及目的，所謂「飯局對事就成」，否則大家閒著沒事去吃頓午飯，如果要提出證明縣長在餐會中做出什麼承諾，視同小朋友一起吃午餐，樣樣交代清楚，未免意境及層次太低，根本不值一辯。如果法官也相信這只是一般社交午宴，什麼目的也沒有，除非是社會經驗都沒有或裝不懂，實在想不出還有什麼一般庶民不知道的原因。

「竹三案」以合理標得標關鍵，即王瑞瑜代表之台塑集團支持及銀行80億融資意願準備，志品科技所組成之投標及執行團隊及撰寫之投資計劃書，以及海外日本ORIX 40億自有資金的提供。這種陣容及實力，當然是鄭永金所期盼的，雙方有足夠默契，自然水到渠成。從95年11月18日至96年3月12日第一次投標這段時間有什麼含意，俗話說：「成功屬於準備好的人」，提前組織團隊將台灣具有區段徵收實績者網絡在一起，提前搶了先機，同時有充分時間撰寫投資計劃書。

一般人都了解，銀行80億巨額融資意願書，從申請到拿到，依銀行授信程序相當費時，當看到招標公告到開標，根本辦不下來，這就是96年3月12日開標，只有一家參與的原因，依採購法必須流標。而第二次公告及開標時間更短，根本不可能還有廠商來得及備標作業，只是代表廠商由志品科技變成廣昌資產，投標團隊還是原來已具備條件團隊，投資計劃書也是原來版本，只是封面改了名字，銀行80億融資意願書原本備妥，當然得標這短短時間內，到底發生什麼事？自訴期間，任憑如何喊冤，法官如同生活在象牙塔內，怎麼講都講不清楚，似乎聽信辯護律師的辯護技巧，結果看到判決書，只能感覺無奈。

　　如今「竹三案」依採購法最合理標得標，又依採購法違約終止合約，對未來同樣事件，不知有何檢討意義？

11.3 魔鬼藏在制度中

　　依政府採購法之精神「為建立政府採購制度，依公平公開之採購程序，提昇採購效率與功能，確保採購品質。」依採購法第五十二條決標方式採訂有底價及未訂底價之最低標及合於招標規定之最有利標兩種方式。

　　對於投標資格為求公平公開依第三十七條明訂投標廠商資格不得不當限制競爭，並以確認廠商具備履行契約所必須之能力，允許共同投標或以主代表廠商結合分包商方式投標。因此資格審查只要檢具共同投標協議書或分包之參與同意書進行資格審查，又採購法第五十六條最有利標評審標準，針對廠商之技術、品質、功能、商業條款或價格等項目綜合評選，評定最有利標。

　　依採購法之宗旨，尤其最有利標目的，為慎選最符合資格之廠商履行契約，而「竹三案」第一次得標之榮久營造及第二次得標之廣昌資產，就是在嚴謹的採購程序以最有利標取得契約。

　　首先看榮久營造為何以一資本額僅500萬之公司，竟以最有利標獲得契約，問題就在採購法的精神要公平公開，而資格「不得不當限制競爭」卻沒人「確認廠商具備履行契約所必須的能力」，結果連履約保證金全部交不出來因而解約。而第二次得標之廣昌資產在96年3月12日第一次開標因不足三家而流標，於96年3月15日匆匆成立，根本是買空賣空之空殼公司，竟然也得標，既無員工也無實績，根本不具備履行契約有應備的能力，為何通過資格審查及獲得評審委員的評定得標？

首先資格審查是以主代表廠商結合分包商方式，本身不必具備任何技術及能力，而評審委員是依投標團隊之組成及投資計劃書評審與並不審代表廠商應具備履約的能力條件，原來魔鬼藏在制度中，廣昌資產雖然取得契約，根本無能力執行，又因本身違約違法，整個工程延宕七年後被終止契約。

這也是自訴期間向法院提出「竹三案」第二次招標，第一次投標志品科技與廣昌建設訂有共同投標協議並至法院公證，同時提出評審得標之投資計劃書為志品科技所組成之團隊撰寫作為證據，並陳述志品科技受害事實，看到判決書內容，似乎法官並不採信，這涉及有利標工程招標實務，除非法官也在工程界待過，否則很難了解其中因果。

志品科技在被設局陷害陷入財務危機，在困境之際，如同受重傷之羔羊，任人宰割，毫無抵抗能力，舉出三項在建重要公共工程之命運及結局，形同另一魔鬼藏在制度中的實例，將民代為民口舌的真面目及公務員的風範操守「依法行政」的風格，赤裸裸展現在世人面前。

茲簡述這三個公共工程當時的情況：

1. 交通部國道一號員林高雄段交通控制系統工程，簡稱「國道案」，合約總金額8億9千5百萬元，進度75%，請款進度不足40%，尚有物調及追加超過2億元，即工程剩下25%，卻有超過7億元的工程尚未請領。

2. 中部科學園工業園區台中基地污水處理廠工程一期二階工程，簡稱「中科案」，合約總金額12億5千5百萬元，進度77%，請款進度69%，物調及追加也超過2億元。

3. 新竹科學園區四期竹南基地開發工程污水處理廠工程，簡稱「竹南案」，合約總金額8億5千9百萬元，進度已完工，初驗及複驗完成，僅

剩下正驗之缺失尚未改善，尚有1.1億元未收款。

依行政院院台工字第0910046387號函核定之公共工程廠商延誤履約進度處理要點三，機關處理廠商延誤履約進度案件，「得」視機關與廠商所訂契約之規定及廠商履約情形可依（三）以監督付款方式，由分包廠商繼續施工，其目的提升工程執行績效，因廠商困難一律終止合約，工程結算重新發包，不但費時，也會產生連鎖影響及損失，但關鍵在這個「得」字，既不是「應」也不是「須」，給機關有了裁量權，可做也可不做。

動物世界弱肉強食，優生劣敗，本屬自然法則，但也有乘人之危的禿鷹，也有其生存之道，而且不是獨來獨往，往往成群出現，除非見義勇為，挺身而出，保護弱者，否則就自然加入了陣容。

首先看「國道案」的命運及結局，如依合約承包商財務困難影響履約即終止合約，承包商之應收帳款、物調及追加工程，幾乎全部掛零，並沒入銀行履約保證金、預付款保證金，不但承包商損失慘重，分包商及銀行也同時受害，重新開標如預算不變，獲利可想而知。而且只有特定人士才有此能耐，有立委身分者卻用職權，召高工局相關主管至立院詢問，指責「志品財務危機為何不解約，是否官商勾結？」豈料這群主管高風亮節，無欲則剛，國道交通公務忙碌，無暇奉陪，毅然依行政院辦法「得」推動監督付款辦法，以防影響國道用路人的安危。令人感動的是，拓建工程處洪明鑑處長，兩位副處長黃一華及陳柏融及主任工程司陳紹來親自協助志品科技及分包商及銀行，推動監督付款辦法，過程極為艱辛，難為了這群公務人員，但整個國道交通，尤其在春節期間，絲毫不受影響，默默盡職不為人知，不但全部兩期工程如期完工，並完成2年保固及驗收，於101年10月15日志品科技收到工程結算驗收證明書。

結算總金額、物調及追加工程共計11億4千7百萬元，超過原合約8億9千5百萬元，達2億5千2百萬元，不但分包商避免損失，並解除渣打銀行履約保證及工業銀行之預付款保證，創造高工局及國道用路人、承包商及分包商以及銀行五贏局面，既不張揚，也無人獎勵，靜靜地做超出本份之工作，奉獻更多時間及精力，不厭其煩地把事情做一完美結局，這群公務員之風範，行事風格及操守令我永誌不忘。

其次看看「中科案」的命運及結局，由於「中科案」屬一期二階工程，受一階影響及監造公司本身亦是設計者，加上颱風等天候影響工程延誤超過10%，依約停止付款，二階工程有兩個主體污水處理廠及展示館，影響污水處理廠進度勢必影響中科友達、茂德、力晶、康寧數千億的投資建廠完工後污水排放及無法處理，廠商將產生嚴重損失並延伸社會問題。

主辦工程師廖春國提案以信託付款直接付給趕工分包商，在96年初即以試車方式處理每日超過3萬噸之污水，至96年9月27日以驗收前池區設備先行使用權利與義務會議先行使用。而與國道案同一立委，同樣利用職權，每週調中科局上至楊文科局長下至承辦人，到立法院立委辦公室詢問，並利用立委免責權在立法院以極為聳動標題「假信託、真詐財」舉行記者會，詐財這是何等嚴重的指控，而審計部教育農林審計處也加入稽查，並以發現該局相關人員涉有就財務違法，函報監察院，上網看完報告才真正瞭解為何中科不但不依公共工程委員會建議由中科及監造單位台灣世曦延長工期並終止合約的原因，我們要看「限期完工」之定義，如不能歸咎廠商之因素，如業主原因、設計變更、天候影響，則非廠商責任，機關應主動延展工期，而信託付款後工程是否順利推動，在96年底每日處理超過3萬噸污水，使中科高科產業不受影響，卻成了弊端，難道終止合約停工才是正確，令人是非錯亂，而身負重責之承辦工程師卻被申誡處分，豈不告訴所有的公務人員明哲保身，多一事不如少一事，停工造成之損失，自然有人承擔，關你何事？

任何權宜措施是解決棘手問題之必要手段，只要本身站得住腳，不違法均應鼓勵及支持，全國有責任心及使命感的公務人員才敢勇於任事，如果動則得咎，豈不等同告知只要朝九晚五，不要生事，人民對政府怎會有感？如果監察院也涉入調查，並出調查意見，根本與事實不符，而且方向目的是什麼？今後還有誰？願賣力及賣命？這絕非國父孫中山先生五權分立的宗旨及目的。可能是這份調查報告令「中科案」被終止合約，應收及未收帳款、物調及追加不但領不到，渣打銀行預付款保證金、華南銀行履約保證金也遭沒入。

工程延宕三年，展示樓部分「變更設計」重新開標，「逾期違約金」及停工損失部份仍在訴訟中。合約廠商志品科技分包商及銀行損失慘重，與「國道案」相較之下，同在一個國度裡，差別竟然如此之大。

在立委及監察院關心下，儘管行政院有處理辦法，機關不「得」不這樣辦。如果了解是誰要求審計部教育農林審計處針對「中科案」徹查，就更清楚其真正目的是什麼，明眼人就不必多說了。

再看看「竹南案」的命運及結局，也是同一位立委，以為選民服務為由，調新竹科學園區主辦「竹南案」人員至立法院立委辦公室詢問，基本上「竹南案」已完工，初驗、複驗已通過，已進入正驗階段，待缺失改善即正式驗收交代操作公司營運。如果合約廠商有財務困難，只要以監督付款由分包商改善或減價驗收，由未付工程款中扣款由分包商改善，但在這位立委關心下，不勝其擾，竟也終止合約，將改善部份重新發包，金額竟然超過7000萬元，瞭解發包內容，竟然有原設備重新安裝項目，以及不堪使用之規格，將其拆下重新增購項目。如果原設備未安裝及規格不符，根本無法進入初驗階段，何況複驗，至正驗只剩施工缺失改善。如果原設備

遺失，原因是什麼？重新裝上之設備廠商與原合約分包商有什麼關連？如果失竊，科學園區警局是否有備案？廉政署如有興趣，只要看初驗、複驗及正驗缺失項目與發包內容一對照，就知道在玩什麼遊戲。

依合約銀行履約保證應依工程進度，完成25%、50%及75%應分批退回，「竹南案」已至正驗，如違約也只剩25%完工驗收部份，竟然將未退回之保證金全部沒入，擔任工程履約保證之外商渣打銀行不服向法院訴訟，卻至最高法院敗訴，並形成判例，最高法院之法官對「竹南案」是否瞭解，我們不知道，判決理由是否以無因管理為由，我們不清楚，但渣打銀行從此退出台灣工程保證業務，並在國際銀行論壇討論此項目，對志品科技傷害事小，對台灣工程生態及形象產生一定程度的影響，最重要是斷送許多本地工程公司承包公共工程的機會。

如果台灣以推動民主以代議制度為傲，尊重司法並給公務人員「依法行政」的空間，雖然這位立委已離開立法院，但尊重司法之際，司法是否還有改進、改革空間。公務人員「依法行政」是否因機關而異、因人而異，由這三個案志品科技親身遭受之三個重要公共工程可以了解，魔鬼真的藏在制度中。

同樣是中華民國公務員，在「依法行政」理應同一基準，但因人因單位而異，風範、操守及行事風格相差甚遠，甚至不在同一空間。如果國家領導動輒以「依法行政」作為最高指導原則，則當今政府失能、失智、失控之原因，由這三個志品科技有幸有不幸案例的遭遇及結局，可見一般。

11.4 主管工程之政府組織架構及執行力道

公共工程為國家經濟建設重要一環，與國家經濟發展息息相關，沒有十大建設徹底改變台灣經濟結構及體質，台灣不可能一躍成為亞洲四小龍之首，開創經濟奇蹟，沒有新竹科學園區台灣也不可能擁有傲人之兩兆雙星產業。這些都必須凝聚產官學全國力量在中央政府強有力督導及全體國民全力以赴才能達成，這些都是從無到有，一個國家的國力是建立在經濟實力基礎上，經濟實力成長停滯，國家成長動力也同樣減弱。

當人們在福中講究生活品質及人文素養，要文化部要安全要健康要衛生部，但似乎沒聽到政府官員及人民的聲音要建設部，去統合國家各項建設。對岸大陸及鄰近日本、東南亞均有中央部會級的部門，而目前台灣各項工程主管單位，營建工程屬內政部營建署，機電工程屬經濟部工業局，依政府採購法所稱主管機關為行政院採購暨公共工程委員會，在全世界幾乎獨樹一格。

而公共工程委員會在政府組織改造中將一分為三，分別併入國家發展委員會、交通部和財政部，依「竹三案」來看，工程會的功能已經不夠紮實，目前台灣部份重大公共工程拖延違約，幾乎已成常態，未來公共工程採購、施工及管理體系將由哪一部門來建置及負責，由原來內政部、經濟部再加上交通部、財政部，還有國家發展委員會，每個部門「職能」是什麼？會不會人人在管，如果體系不明，會不會是根本沒人在管，形成「開天窗」。

當政府機構之「職能」萎縮，就如同失能，一個失能的政府，怎麼可

能有作為，至少台灣未來公共工程管控，是令人擔心的。台灣已民主化，不似十大建設，國家領導說了算數，推動工程最重要三要件，預算、進度、品質，每項都必須涵蓋規劃設計、採購及施工，必須專責整合資源並充分授權才有執行力道，相信政府改造是一項重要的改革，但僅從「點」和線去看問題，沒有宏觀的廣度及高度，改革變成「頭痛醫頭，腳痛醫腳」，其他器官出問題，更可能一命嗚呼。

有人主張政治歸政治，經濟歸經濟，文化活動、健康醫療在民主政治最能吸引選票，但忽略重大經濟建設又會回到基本面，當經濟無法突破景氣循環，國庫不夠充實，人民口袋之消費能力不進反退，人民對政府努力怎會「有感」？當怨聲四起，政府領導全年無休亦得不到掌聲。

推動國家重大經濟建設，工程公司是一群螞蟻雄兵，但工程公司必須有一定的公司執照才具備資格承包不同種類、層次及規模的工程，亦是全世界常規及通識。由「竹三案」以「合法」程序取得143億巨大工程標案之廣昌資產公司，是在標前不到一個月匆促成立之公司，既無實質資本，無任何正式員工，更不須任何公司證照及資格，更不用說實績，卻「合法」程序坐在檯面上簽訂承攬合約，這種事在台灣還可能屢見不鮮。

而重大公共工程為避免惡性競爭，無法確保工程品質，依採購法得採取合理標，經過嚴格資格審查及經過專家學者評審慎選最具實力、實績公司獲得標案。因工程浩大且涉及多項工程種類，因此依法可共同投標，也可以「結合下包商」方式，就可以取得「合法」投標資格，形同任何公司本身不必具備實績及實力之資格條件，只要結合有資格的公司，利用他們的實力及實績，經過「合法」程序就能承攬任何規模的公共工程。這類「結合下包商」的規定，形同開了一扇方便門。

政府公共工程，依採購法應比民間企業工程更嚴謹，但實際上，民間企業尤其建廠工程，其成敗甚至關係企業的生死，除非內部管控出問題，人謀不臧，縱使發生承包商出問題，出錢老闆會適時糾正，但政府公務人員「依法」辦事，成敗與其無關。學者專家依「規定」評審，至於評審內容是否屬實、計劃內容是否抄來的或詐術取得，與其無關。台灣有多少重大公共工程發生這種不適格廠商「合法」得標，事後又必須「依法」解約的事件，其付出的社會成本卻由全民默默買單。

　　像「竹三案」這類公共工程到底政府那一個主管機關在督導，不要說負責，至少要關心，這部門是行政院公共工程委員會、內政部、經濟部、國科會或新竹縣政府？理應「依法行政」，感覺上都成了「路人甲」、「路人乙」，似乎事不干己，到底是無力作為，還是總統都上了頭版頭條，若有不同見解，可能會拂逆旨意，低調旁觀，上至國之棟樑，下至基層承辦，內心世界令人百思難解，那談什麼政府主管機構對公共工程施工管理之執行力道。

12

從「竹三案」看
兩岸公共工程生態

12 從「竹三案」看兩岸公共工程生態

12.1 公共工程容易妖魔化的原因

　　國家級的公共工程一定是一項經濟議題，同時也是政治議題，公共工程只要合理、合宜、合法的案件，對經濟有利無弊，如同十大建設，對台灣經濟發展影響深遠，而近年來公共工程常見延宕，對承攬公共工程的企業不但要面對產業景氣的變動，又要面對政治的不確定性，如果對影響國家經濟建設工作成了風險行業，引發上下游各行各業的觀望，會形成另類蕭條，近年來政府重大公共工程建設，很難看到施政的願景，當年前故總統蔣經國推動十大建設，缺錢、缺人，但一句「今天不做，明天就會後悔」，短短五年內逐一完工，近年來指標性公共工程進展似乎「今天不做，明天不做，後天也不做」，進行中會產生原先無法預測的枝節，建建停停，甚至完工後可以「封存」。

　　國家級公共工程建設可以振興經濟，彌補內需的不足，美國上世紀30年代大蕭條的復興，今日大陸跳躍式突飛猛進的經濟發展，公共工程都佔有重要因素，台灣「竹三案」停了十年，但地球的經濟腳步卻不會為台灣停頓，成了失落的十年，台灣對類似大型公共工程投資計劃要用什麼樣的態度面對，是一件值得深思的事，而且是件大事。

　　對已習慣用政治思考的台灣社會對公共工程也是一件麻煩的事，我們舉幾個例子來看，1994年德國拜耳公司（Bayer AG）計劃投資新台幣500億元在台中港區設廠生產甲苯二異氰酸酯TDI與二本甲烷二異氰酸酯

MDI，是拜耳公司當時海外生產單一產品最大投資計劃，政府也在「亞太營運中心」的概念下全力支持，但投資計劃適逢選舉，競選者組成「反拜耳設廠行動聯盟」政見高舉反對高污染工業，並以1984年美國聯合碳化物公司（Union Carbide）在印度波帕爾市（Bhopal）發生毒氣外洩事件之異氰酸甲酯類似，並展示大量事故照片，令當地居民陷入恐懼感，加上複雜政治因素，因而停擺導致外商對台大型投資卻步。

以當時氛圍，誰站出來贊成或替拜耳講話，都被反對者追著打，沒人理性去判斷，美國聯合碳化物公司創辦於1898年，自1917年取得乙烯（Ethene）製造專利權後發展成涵蓋合金、工業氣體、農業、電子及消費品的全球跨國企業，但隨1984年12月3日的波帕爾事件而終止，一家近百年跨國企業，只要發生重大事故，公司商譽受損，全球股東、員工、顧客受創，影響何其重大。

拜耳公司1863年8月1日成立，也是一家德國跨國集團，核心競爭力在醫療保健及高科技材料，以創新發明著稱，試想他們會拿自己企業生命開玩笑，無人理性討論如果台灣成為拜耳亞洲異氰酸酯之材料供應中心，當今發展最快速之聚氨酯材料重要原料，其優異的性能，多樣性品種，用途之廣泛，會對台灣經濟發展產生多大效益，只要把投資案升級成政治議題，予以妖魔化就行了，而且屢試不爽。

再看核四廠這件八任總統都弄不清楚的核四風暴，已成為全球最荒謬的錢坑，紛擾台灣二十餘年，完工後竟然「封存」，我們暫時放下「立場」看看這件公共工程，2014年9月全世界共有437座核能機組在運行，法國核能佔電能需求78%，大陸目前有25座核能機組在建設，計劃中更多，離台灣最近福建省僅福清及寧德共12座百萬千瓦大型機組，為核四廠

機組2.4倍，漳州及三明核電廠亦在規劃中，我們看離台灣最近平潭之核電站工地廣告12-1及公路旁的廣告牌12-2。

PICTURE

圖 12-1　平潭之核電站工地廣告

PICTURE

圖 12-2　公路旁的廣告牌

在大陸核能電廠是個經濟議題，就在你隔壁，你上街遊行好像沒什麼影響，我們擔心核四電廠的安全性，經常以美國賓州三哩島核電廠爐心熔毀事故及舊蘇聯時期車諾比核事故及日本福島第一核電廠事故，如果發生在台灣這塊美麗的島上，是不可想像的災難。

三哩島核能事故發生在資訊透明的美國，但車諾比核事故因蓄意隱瞞才造成浩劫，這次事故釋放輻射劑量是二次大戰廣島原子彈的400倍以上，但真正原因這座核電廠是由四座RBMK-1000型壓力管式石墨緩衝沸水反應爐組成，又有控制棒的設計缺陷，這與核四廠兩部由奇異及日立合作製造第三代進步型沸水式反應爐（ABWR）是完全不同的型式。

日本福島第一核電廠事故，起因外海發生九級地震產生海嘯，原先設計廠區海堤5.7公尺，而海嘯高度超過15公尺，將驅動冷卻系統之緊急柴油發電機組淹沒破壞，如果台灣也遇到15公尺高的海嘯，緊急發電機組要如何改善才是良策，令人不解的事，核一廠沸水式反應爐第四型（BWR）是1970年十大建設之一，商轉至今提供台灣超過3000億度之電力，是台北市目前重要能源供應之一，自1979年兩部運轉至今已超過35年，依使用年限40年，離退役年限僅3-4年，現將完工之第三代進步型ABWR封存，而讓已屆退役的老舊BWR繼續賣命，如同買了一部較安全可靠新車不開，以講不清的理由繼續去開快報廢的舊車，一旦發生事故，豈不一點邏輯都沒有。

不過當工程遇上政治，有理也可能講成無理，任何事故都有發生的機率，如何吸收經驗改進及防患才是理性的思路，科技會愈來愈進步，但目前對氣候變遷主要因素之溫室效應及環境污染，尤其二氧化硫、氮氧化物及揮發性有機氣體排放所形成的霾害，已不是哪一個地區或國家能獨善其身之事。

　　台灣缺乏天然資源，我們要發展經濟又要乾淨有效成本又低的能源，這不就是全台灣要追求的目標嗎？核能發電服務人類超過50年，為人類減少多少CO_2及污染氣體的排放，減少多少自然資源的消耗，為經濟帶來多大的效益，不值得討論嗎？高喊非核家園不是浪漫的口號，否則美國不會因三哩島就停止發展核能發電，日本政府也不會因為福島核電廠事故影響，將日本重要經濟支撐的核電廠關閉或封存。

　　尤其美國為改善環境污染及氣候變遷又重新啟動核能發電計劃，未來中國大陸核電機組將超過80座以上，同時深耕核能技術培養大批核能人才，向地球未來願景核融合發電領域挺進，核融合因還有技術瓶頸尚待突破，必然是跨國級合作發展計劃，台灣未來是停滯？還是根本不需要？

　　我們回頭看20年前拜耳案，依目前政治氛圍是不會有人去反省或討論，20年後再看核四「封存」會產生什麼樣的反思？以一個工程人簡單的慣性思路是想不通的，就留給更有智慧的政治家去解決了。

12.2 談兩岸工程成本核算制度及管理

　　工程常識，要簡單化必須標準化，要標準化必先規格化，否則不合時宜的規章及工作程序，可將簡單之事複雜化，製造混水摸魚的機會，公共工程成本不透明會產生難以掌控的弊端，這不是單一行業的問題，而是國家的問題，政府政策權責單位層次不夠或管控力度施展不開，亂是必然的現象，其實成本透明對業主及承攬方都是一件好事，可以避免不必要的糾紛，尤其幅員廣闊國度，如無一致的成本核算制度及管控，是一項無法想像的事，英國全盛時期稱「日不落國」，殖民地遍佈全球，如無一致性的標準管理機制，由各領地的「專家」因地制宜發揮專長，最終責任由倫敦承擔，會是什麼結果？

　　英國國家標準（British Standard B.S）是全球最完整的標準系統，對工程成本核算必須由具有專業證照之估算師（Quantify Survey Q.S）精算，成本透明自然產生公平的天秤，因此大英國協採用B.S標準之國家地區如加拿大、澳洲、新加坡、馬來西亞及香港等地，工程被妖魔化的機會大減。

　　中國大陸也有一套標準，建築工程定額（Project Quota）是由國家指定的機構按照一定程序編制的，並按規定的程序審批及頒發執行，最早在1955年由勞動部和建築工程部聯合編制，1962年及1966年兩次修訂，在文化大革命被取消，造成核算無標準，對產業造成無法彌補的損失，在2008年12月起在大陸開始執行（建設工程量清單計價規範）GB50500在工程計價管理方面是一項重大改革，使工程造價領域與國際慣例接軌。因具有科學性、法令性、具群眾基礎及穩定性和時效性，使工程造價從設計、預算編列、工程發包程序、工程施工管理有了先進合理及完整的辦法。

建築工程定額具有以下四個方面的作用：

1. 定額是編製工程計劃、組織和管理施工的重要依據，為做好組織及施工管理，必須編製施工進度計劃和施工作業計劃。在編製計劃和組織管理施工進行，直接或間接地以各種定額來做為計算人力、物力和資金需求量的依據。

2. 定額是確定建築工程造價的依據，依設計檔規定的工程規模，工程數量及施工方法，即可依據相應定額所規定的人工、材料、機械操作消耗量，以及單位預算價值和各種費用標準來確定建築工程造價。

3. 定額是建築企業實行經濟責任制的重要環節，大型建築企業必須全面推行經濟改革，而改革的關鍵是推行投資包乾制和以招標、投標承包為核心的經濟責任制，其中簽訂投資包工協定、計算招標底價和投標報價、簽訂總包和分包合約等，通常都以建築工程定額為主要依據。

4. 定額是總結先進施工方法的手段，在先進合理的條件下通過對施工程序過程的觀察，分析綜合制定的，比較科學地反應出施工技術及工地組織的先進合理程度，因此可依此手段對同一工程在同一施工條件下不同施工方式進行觀察、分析和總結，得出一套比較完整的先進方法、推廣應用，不但能提高效率，也避免不必要的糾紛。

　　建築工程定額雖然是中央計劃經濟制度下的產物，卻與市場經濟為主導之英國BS標準有異曲同工之效能，尤其對相關法制不夠完備之發展中國家，絕對是一套合宜的管控工具。

　　在台灣從設計到發包及驗收，也有一套行之有年的程序及系統，一旦發生糾紛，尤其公共工程，也可以送公共工程委員會調解，監督有審計部、監察委員，也可上法院訴訟，面對錯綜複雜的內容，雙方各持一詞，法官判斷依據在哪？

許多判定有著大多「人」的因素，甚至還參有「自由心證」，纏訟不休，耗費龐大社會成本，是不是值得國人反思。

12.3 從兩岸施工資質管理，談工程有效管控

在台灣虛設行號，也能參加嚴謹的公共工程發包程序並且得標，不服業主裁定還能在行政法院勝訴，並不是法官不食人間煙火，也不是辯護律師神通廣大，而是政府整個管控亂了套。很少有人用點時間想想，到底發生什麼事？還是司空見慣，或是理所當然？我們自認為法令周全，對岸卻承認法制不夠完備，要法制治國，但僅對施工資質這一項，也許他山之石可以攻錯。

大陸針對公共工程、建築工程及機電工程之資質，從資質等級、資質標準及承包工程範圍，規定非常明確，資質等級分特級、一級、二級及三級，這與台灣分甲級、乙級及丙級類似。但資質標準就更為嚴謹，包括企業註冊資本、公司淨資產、近3年來平均工程結算收入及公司必須有在職之企業經理、工程師、會計師及核算成本之經濟師，類似英國標準之QS編制及一定的工程實績。以最基本之三級為例，公司註冊資本600萬以上（NT3,000萬），淨資產700萬以上（約NT3,500萬），最近3年最高工程結算收入5,000萬以上（約NT2.5億），並具備承包範圍之相關設備，公司員工50人以上，工程技術人員30人以上。承包範圍依資質標準規定，如一級資質單項合約金額不能超過註冊資本5,000萬（約NT2.5億）之五倍，以避免小孩玩大車。

這些規定是針對大陸國內公司、外資及中外合資之建築業，在2002年12月大陸對外經濟合作部發佈施行一套規定，外資申請設立之企業，其施工總承包序列特級和一級專業承包資質，由國務院建設行政主管部門審批；二級及二級以下之資質，由省、自治區、直轄市行政部門審批。

但其工程承包範圍，除了只允許在資質等級許可的範圍內承包及專項的業務外，對工程性質亦有規定：

1. 全部由外國投資，外國贈款之工程。
2. 由國際金融機構資助之國際招標項目。
3. 外資超過50%之中外聯合建設項目或外資少於50%，但技術困難經批准之項目。
4. 中國投資，但因技術困難，經批准由中外建築企業聯合承攬的項目。

　　由於工程施工資質規定嚴謹，許多台商去大陸承包工程僅能設諮詢公司，以顧問方式爭取業務，與大陸小型工程公司相同，找合格之工程公司掛靠，即所謂借牌。在台灣借牌屬違法行為，但大陸目前為止，以項目經理（專案）方式借牌，卻屬合法，只要依行情上繳合理比例之費用，由借牌公司負責簽約及承擔包含品質及工安之責任風險。雖然也有實際承包者，因當初評估不夠周全、執行力不夠或遇到原物料波動或業主付款延誤，無法負擔財務損失而「落跑」者，但基本上承包之簽約方必須負起法律責任或產生訴訟。

　　但對業主而言，跑得了和尚跑不了廟，因此類似台灣目前以借款墊資成立空殼公司形同虛設行號事件，根本不可能發生，如「竹三案」這類重大公共工程，在大陸都屬政府列管項目，得標後無能力執行，令整個工程延宕，業主無奈解約，不服還能請高級律師上行政法院類似獲得勝訴，是一件令人無法想像之事。

12.4 跳躍式發展與產學資源整合

大陸這30年來改革開放，經濟跳躍式發展是人類經濟歷史重來沒有的現象，對全球經濟板塊的移動影響力還在持續增加，因素固然很多，僅從產學資源整合所產生綜效絕對值得重視，其模仿、學習及深化能力，甚至青出於藍，獨樹一格，在不受民主監督的機制下，只要對國家經濟發展有利之事，可放手一搏，且能得到政府大力扶植。

美國加州矽谷（Silicon Valley）佔全美創業投資三分之一的地區，起源於史丹佛大學教授及學生在校園內創立惠普公司（Hewlett-Packard）及1951年成立之史丹佛研究園區，並發展成舉世聞名之高科技工業園區，台灣新竹科學園區能成為亞洲矽谷，工研院、台大、交大、清大、台灣科大、台北科大提供之優質人力資源，形成優勢絕對是成功因素之一，其實美國哈佛、麻省理工、芝加哥大學、加大柏克萊分校、加工理工學院，均與國家級研究所及企業相輔相成，產學研所產生的綜效是國力最重要的支柱，造就美國堅強的科技國力。

大陸改革開放這30年，以北京大學及清華大學為例，在國家大力支持及本身努力求變，產生怎麼樣的變化？會產生何種影響？北京大學1986年隨著改革開放，創辦「北大方正集團」（Founder Group）標語口號「世界在變，創新不變」，代表性公司方正科技已是一家上市公司，為大陸綜合實力最強的IT服務供應商，業務涵蓋IT、醫療、醫藥、房地產、金融、大宗商品貿易，員工三萬五千多人，目前雖然與國際一流企業相比，仍有一段差距，但已涉及物聯網領域，依其成長曲線及厚實的產學整合實力，未來發展值得重視。

另一個中國高等學校產業代表紫光集團（Tsinghua Unigroup），則是清華大學控股子公司，整合清華大學雄厚的科研力量、豐富的人才資源和多學科綜合優勢，尤其具備雄厚的政治支撐及資金支持，由一群大陸海歸派人才領軍，更要命的是再加上一群原在台灣高科技公司任職具有實務經驗的高科技專家，均擔任重要的核心戰略職位，由清華收購展訊通信，收購銳迪設計廠RDA，英特爾以15億美金入股紫光展訊，加上大陸官方共人民幣390億（NT1,950億）注入展訊，其目的及代表意義，會對兩岸高科技產生什麼影響？

再看一件事，清華紫光在大陸各省設立清華紫光科技園區，培養創新人才，其思維已超出我們傳統思維如圖12-3孵化科技園雲平台，這也是一組台灣團隊所提出之構思，看到這個規劃架構，我們會產生什麼感想？台灣科技官員均為傑出學者，認為科學園區已過時，科技發展應由民間主導的思維，以目前台灣環境及生態，科技發展絕對要由國家政策引導，政府行政及資金支持，完全靠民間力量如何面對不同的政治立場、地方派系利害關係、複雜環評過程、環保團隊擋路及不合時宜的法令限制，公務員動則得咎之行政氛圍。

拋開激情、偏執及對立，客觀看「竹三案」計劃目標及範圍，對台灣科技發展的意義及計劃的停滯，會對台灣整個科技生態會產生多大的影響，只嘆人微言輕，但仍希望激起一點共鳴。

圖 12-3　孵化科技園雲平台

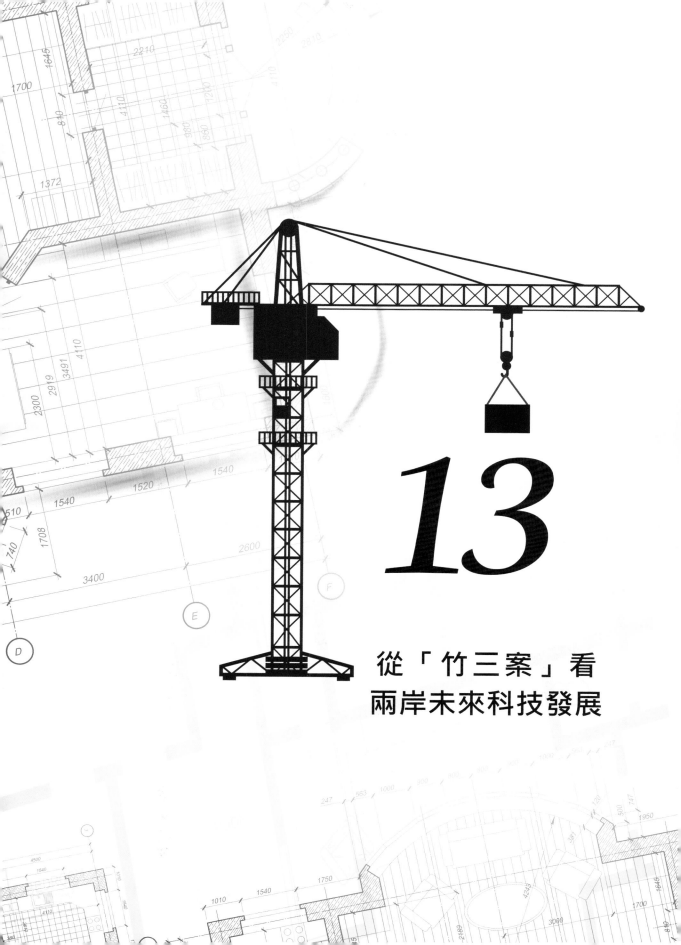

13

從「竹三案」看
兩岸未來科技發展

13 從「竹三案」看兩岸未來科技發展

13.1 台灣科技發展與工程建設之昨日、今日、明日

台灣未來科技發展，脫離兩岸思維是一件不符實際的想法，因商業化及產業化必須具有全球化的考量，尤其海島型經濟，龐大的腹地絕對是成長的空間，過去如此，今天如此，未來將更密切。

三十年前台灣完成十大建設，設立工研院，建立新竹科學園區，資通訊產業開始萌芽，產業從勞動密集到資本密集轉向技術密集，經濟每年超過10%成長，外匯儲備全球僅次於日本，為亞洲四小龍之首。

大陸則在鄧小平主導下，開始改革開放，中央計劃經濟與市場經濟接軌，掙脫意識型態，接納並學習資本主義之經濟運作，開始對外招商引資，鼓勵出口創匯，快速累積國家資本。

二十年前台灣從解嚴到民選總統，全盤西式民主化，兩兆雙星產業成為台灣產業主流，資通訊產品佔全球重要比例，開始全球布局包含大陸地區。而大陸在江澤民、朱鎔基體制堅持繼續改革開放路線，大量台資、港澳外資進駐大陸，產業開始從勞力密集提昇至資本及技術密集。經濟開始起飛，在全球金融風暴中，已具有穩定的力量，十年前台灣首次政黨輪替，在民主化進程雖然在全球華人社會引以為傲，卻因「本土化」意識與全球化趨勢無法磨合及缺乏執政經驗，無法避免學習成本所形成之社會

成本，這是為建立良性政黨政治，非常珍貴的民主化過程不得不付出的代價。

而大陸在胡錦濤、溫家寶體制堅持以黨領政，繼續走改革開放路線，經濟快速起飛，出口成長模式奏效，外匯儲存世界第一。

今天台灣已二次政黨輪替，雖以民主為傲，GDP停滯近二十年，政府施政人民卻無感。但兩岸關係改善，互動頻繁，經際關係更為緊密。

大陸經濟規模已超過日本，外匯儲存超過三兆美金，已成為世界債權大國，體制已改為習近平、李克強仍然以黨領政，但面臨改革開放到經濟改革關鍵時刻。

兩岸經濟發展到今天，台灣今後無論哪一黨執政，都不可能倒退。

十年、二十年、三十年後，兩岸中國人的走向，全世界都在看，談到政治，什麼事都能說不能做，如果談經濟任何事都能做不能說。因此政治歸政治，經濟歸經濟，事實上這三十年來「台商」在大陸就是以此準則經營自己的事業。身為台灣一份子，當然期盼台灣能走出政治及經濟的陰霾，但也同時希望大陸能避免經濟「硬著陸」的風險及高速成長所夾帶投資及金融泡沫的危機。而社會財富快速累積，因來不及制定遊戲規則，所產生的貧富懸殊勢必產生社會問題。當GDP成長全國財富僅到了少數人手裏，絕對不是中國特色社會主義市場經濟的宗旨。一個大陸年輕企業家酒後吐真言：「我成功三要項『搶錢、搶地、搶女人』」，乍聽之下頗有氣

勢，但仔細一想，你搶成功了，那誰是被搶的人呢？這可能是新一代領導人要留意的事了。

　　一個穩定成長的大陸，台灣必能相得益彰，大陸出現狀況，以現有經濟規模，不但台灣，全世界都會產生負面影響。對大陸未來，台灣至少在經濟上已不能置身事外。

　　過去台灣起步較早，三十年改革開放，台灣提供許多觀摩機會，台商也扮演重要角色，今後台灣也應放下身段，去了解去研究，大陸運用「後發利益」，所有做法，那些是可以借鏡，那些是可能造成泡沫危機，必須事先警告「台商」必須迴避的產業。而未來大陸要維持成長，勢必要從外銷導向轉內需市場，而隨著ECFA的簽訂，兩岸即成共同市場是遲早之事。除了政治由政府主導外，產業經營型態及方式都要有根本的「改變」。

13.2 台灣經濟奇蹟與中國特色社會主義市場經濟

　　談到台灣經濟奇蹟，令人無法否定就是蔣經國時代奠下基礎，在那個年代，台灣經濟發展有其特殊的條件，在一黨獨大，以黨領政，又有戒嚴法侷限了自由，只要目標為發展經濟為民謀利，制定五年為一期之中長期經濟發展策略計劃，既無黨派鬥爭，也不會因領導及執行者因任期而中斷，也不會受制民意而改變方針。在台灣十大建設期間一句「今天不做明日將後悔」，從上向下形成一致戰略方針從下向上的參與相互呼應，整個台灣像一個超大企業，國家領導即是CEO，政府技術官僚，全心投入不受干擾，將台灣打造成為亞洲四小龍之首之台灣經濟奇蹟，這是台灣所講的小故事，而大陸這三十年來快速崛起的經濟奇蹟，不就是翻版的大故事嗎？

　　大陸國民經濟和社會發展第十二個五年規劃，簡稱十二五計劃，在科學和技術發展規劃培育發展戰略性新興產業部份之宗旨「以重大技術突破和重大發展需求為基礎，促進新興科技與新興產業深度融合，在繼續做強做大高科技產業基礎上，把戰略新興產業培養發展成為先導性、支柱性產業，共有七大新產業領域。」

1. 節能環保產業：高效能節能、環保、資源再生關鍵、技術及設備產業化。
2. 新一代信息技術：新一代移動通信、次世代互聯網、三網融合、物聯網、雲計算、IC電路、平版顯示、軟體、信息服務等產業基地。
3. 生物產業：生物醫藥、生物醫學、基因資源信息庫及產品研發與產業化。
4. 高端裝置製造產業：飛機、直升機產業化、建設導航、遙感、通信衛星、智慧控制系統、NC機床、高鐵車輛及捷運設備。

5. 新能源產業：核能發電裝備、大型風力發電機組、太陽能發電及熱力風組件、生物質能轉換技術、智慧電網裝備。

6. 新材料產業：航空、能源、交通重大設備之碳纖維、半導體、高溫合金、超導體材料、高性能稀土材料及奈米材料研發及產業化。

7. 新能源汽車產業：插電式混合動力汽車、電動汽車燃料電池汽車技術產業化。

　　這些戰略性新興產業創新發展工程及其衍生的相關產業，雖然十二五在2015年不能全部完成，至少會起步及立下基礎。至2020年下一個十三五定能達到相當程度成果。但專業培養、資源調配及社會認同，有許多挑戰要克服，天下無難事，只怕有心人。只要不患大頭病，埋頭苦幹，只問耕耘，相信十年後定有另一番成就，否則如同李肇星直言「經濟規模世界第二，與美國同為G2，傻帽才相信。」

　　因GDP超越日本是13億人口，以日本1億多人口相較，個人GDP不到日本的1/10，就算5~10年後超過美國也是因為人口是美國的4倍。而且經濟到一定規模，成長空間就有限了。每年保七保八，要看實質產業增加值，如果包含房地產及各級地方政府為保政績所填數字，以日本二十多年前為例，經濟泡沫化就愈來愈近了，這是大陸經濟面臨改革闖關的關鍵時刻。

　　改革開放最大動力，來自鄧小平指導原則「發展是硬道理」，「不管黑貓白貓會抓老鼠就是好貓」，掙脫了意識型態。這三十年來摸石頭過河，以社會主義中央計劃經濟的強勢規劃指導力，兼具資本主義市場經濟的發展運作模式，相互彈性運作，形成姓資又姓社的中國特色社會主義市場經濟，所創作出的成果令人讚佩。雖然當初以先把一部份人搞富上去的

政策，令貧富愈來愈懸殊，是社會隱憂。但今天比昨天更好卻是一件事實，以中國人的智慧及百年來戰亂痛苦經驗，定能避免「硬著路」，找出解決方法。在台灣不能再以敵對及唱衰方式去面對，以目前經濟規模及未來持續發展，其興衰對世界經濟都有一定影響力，台灣也不能置身事外。

台灣經濟奇蹟與中國特色社會主義市場經濟

13.3 不同社會制度，領導人之人格特質

　　雖然大陸稱改革開放是實施中國特色的社會主義市場經濟，但仍是中國共產黨以黨領政的政治形態，與台灣自由民主政黨政治，基本上是兩個不同的社會制度，兩岸經濟互動愈來愈頻繁，未來走向與兩岸領導人因意識及理念所形成之人格特質密不可分。

　　一般分析，一個領袖人要剽悍，否則要足智多謀。當年蔣中正軍人出身，南征北閥，不能說不剽悍。但不如毛澤東足智多謀，因此敗走台灣。鄧小平三上三下同樣足智多謀，大陸才得放下意識形態，走上改革開放。

　　蔣經國、李登輝兩者兼具，否則十大建設、解嚴、開放黨禁、報禁，兩岸來往打開一扇門怎能順利推動。而李登輝承先啟後，進一步總統民選，為政黨輪替開創條件，將民主自由開放成為台灣生活方式，不管你是否喜歡這兩位領袖，但必須承認他兩位非常厲害。

　　當今台灣民選總統馬英九先生，美國哈佛名校法律博士，溫良恭儉讓，標準「模範生」性格，凡事擇善固執，不易妥協，往往理想與現實脫節。與大陸以黨領政之共產黨總書記、國家主席習近平先生，卻是文革期間下鄉勞改、挑糞務農，再從基層幹起一步一腳印，被長期觀查遴選，甚至鬥爭才登上國家最高領導人位置，所形成的性格由生長、求學、從政歷程來看，似乎是兩個完全不同的人格特質。

　　1973年近40年前，有幸參加十大建設之一中國鋼鐵之建廠工程之重

大項目之一爐石廠，由大同公司負責設計建造及監工統包工程，在預算、品質及工期控管配合，當時行政院專案管制如期完工，獲大同公司前董事長林挺生先生獎狀如圖13-1，對當時年輕的我，視為人生最大榮幸之一。在建廠期間能有機會與負責人馬紀壯及趙耀東互動，回憶這兩位風範，才領悟蔣經國用人，以當時環境及條件，十大建設之所以能成功，是用一群對的人在做對的事。而今雖然時代不同，但對台灣未來發展影響力不亞於中鋼之「竹三案」延宕至今，不禁令人唏噓。

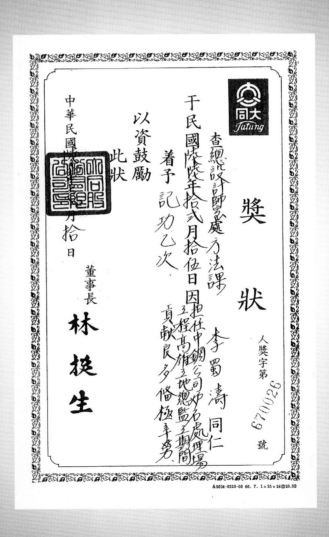

1994年隨華映前董事長林鎮源先生至大陸福州馬尾區建設映像管CRT廠，志品科技擔任總承包，當時福州市市委書記即為習近平，每次林鎮源至福州，必親自接待並解決疑難問題。當時華映已是世界最大CRT顯示器公司，工廠遍及台灣、馬來西亞、英國，建廠均稱300專案為代號，即300天建完一個廠。而大陸因長期中央計劃經濟，行政及法規根本跟不上腳步，而且對高科技需求毫無概念，許多事滯礙難行且找不到解決方法。但華映福州300專案，同樣在預算、品質、工期控管下如期完成，原因就在「馬尾的事，特事特辦，馬上就辦」，這就是習近平的作風，這一標語如今仍在馬尾區天馬山上，如照片13-2。

PICTURE

圖 13-2　「馬尾的事，特事特辦，馬上就辦」照片

因特事特辦，絕不能「依法行政」，因經濟快速成長，必有突破性的作為，法規制定絕跟不上腳步，依法行政將寸步難行，只要目的是為國為民的福祉，滿身油污一肩承擔，「馬上就辦」才能克服困難、解決問題，讓事情順利完成。我想這與當年勞改挑糞磨練有關，連臭都不怕的「苦行者」，怎會有潔癖？怎會不沾鍋？

因特事特辦必須擁有權力，而權力必掌握在領導手中，如任何問題都能以「依法行政」解決，那要領導做什麼，而要肩負責任才會賦予權力，如有權者無責，有責者無權，而法律、法規又還有改進空間，無法十全十美，「依法行政」只能說聽來「刺耳」。

習近平如今已成為全球13億人口、第二經濟體大陸國家領導人，以他20年前的人格特質，看來沒多大改變，同樣會面對經濟成長「硬著路」及全球經濟景氣衝擊及國內貧富不均與社會問題，只要不怕臭，親自挑糞、下田，將大陸從改革開放突破經濟改革，可能也需要「特事特辦」，只要面對歷史，不必在乎罵名。

未來兩岸互動，雙方領導人人格特質不能忽視，而人格特質一旦定型，一路走來始終如一，很難改變，能成為領導必有其客觀的特殊條件，一般人不能用自己主觀想法去評斷，只要歷史價值觀相同，當「模範生」遇到「苦行者」，如果有共同的想法必有期待，但如無共同的語言可能又是另一種無奈。

13.4 兩岸經濟發展優勢互補天蠶再變之路

　　將政治意識放下，平心靜氣比較兩岸經濟發展優勢，台灣雖小，卻如同華人鑽石精品展示場，擁有優秀人力資源，又是民主自由開放的社會，任何一個公司行號或個人，幾乎能隨時隨地不受限制與全世界工商業接軌，全球化程度非常高，為獨特優勢。這一點在大陸十年內因許多客觀因素限制，可能還很難突破。

　　而大陸人口眾多，與台灣同文同種，物產豐富，基礎研究紮實。目前已成為全球第二大經濟體，因屬成長中的社會，亦成為最大內需市場，是企業開拓市場及自創品牌最佳溫床。這一點在台灣有先天經濟規模不足的侷限。

　　事實上儘管這二十年來，政府用戒急用忍等各種方法限制，仍有許多高瞻遠矚，雄才大略的企業家，應用大陸龐大內需市場或獨特條件，早就天蠶再變，建立雄厚的基業。亦有應用兩岸分工，建立重要據點，這些成就絕非一蹴可及，而是十年、二十年，甚至三十年心血累積鑄成。

　　這些「台商」在各行業，不僅是台灣經濟發展的支柱，對兩岸經濟發展貢獻良多，也具有一定程度的影響力。有些產業同時將本身供應鏈也一併引進大陸，對兩岸經濟產生巨大推動力量，走訪這些企業，從負責人到派駐核心幹部，都是台灣各行各業的精英，僅將代表性企業分類如下：

1. 科技代工：鴻海集團/富士康、光寶集團等。

2. 資通訊：宏碁、華碩、仁寶、日月光、辰宏。

3. 光電：華映、友達、億光、晶元、鼎元。

4. 電機：大同、東元、中興電工。

5. 食品：康師傅、旺旺、統一、王品牛排、85℃、永和豆漿。

6. 通路：大潤發、康師傅、旺旺、統一7/11、家樂福。

7. 紡織/製鞋：寶成（裕元）集團、遠東、中興紡織。

8. 建築：遠雄。

9. 交通/航空：裕隆集團、長榮、陽明。

10. 石化：台塑集團、長春石化、奇美石化、廈門翔鷺。

11. 建材/水泥：台泥、亞泥、台灣玻璃。

12. 金融：華一銀行、上海銀行。

13. 電力：漳州火力發電廠。

以上這些企業僅僅是各行各業較知名及較具規模之產業，雇用員工動則上萬人，甚至數十萬人，每年創匯上千億美金。在大陸三十年來改革開放道路上，貢獻難以估計。

經濟是海島命脈，當台灣政治人物高喊一邊一國之際，這些企業早就以一中各表，政經分離，走自己要走的路。因這些企業負責人不是政治人物，而是企業經營最終負責人。以身家性命支撐企業追求永續發展，只能成功，不能失敗。尤其二十年來，超過150萬「台胞」在大陸各行各業打拼之際，台灣每年經濟都有成長，企業盈餘占GDP比重提昇，受僱員工實質薪資增幅卻倒退，昔日亞洲四小龍之首，而今比鄰國都來得嚴重，可是我們看幾個例子，鴻海集團富士康1996年才在大陸深圳落地，如今年營業

額超過三兆台幣。在大陸僱用員工超過百萬，2012年台灣首富姓蔡，卻不是國泰蔡家，而是帶著雄厚財力衣錦還鄉蔡衍明先生，亦成為台灣媒體大亨。台灣經濟發展動力來自外銷，外銷靠市場開拓，如今一大塊「台灣經濟」卻在大陸生根茁壯。這對台灣產生多大的影響與啟示，印證商人是動物，政治人物是植物，動物是那裡有食物去那裡找才能生存，才能獲利，植物要向下生根才有養份，才有基礎，各有不同的生活方式，甚至不在同一空間。

大陸這二十年的發展，在歷史上找不到先例，東南亞華僑有人用驚天動地形容，面對這急激的改變，台灣不能再用十年前的心態面對，二十年前台灣有人以中國崩潰論唱衰大陸，如今大陸已成第二大經濟體，其經濟消長對全世界都會產生連鎖影響。台灣更無法置身事外，尤其看到這麼多「台商」「台胞」在大陸，幾乎無形中已成你中有我，我中有你，很難再行分割。再十年、二十年磁吸效應會愈來愈強。台灣已無法用類似戒急用忍方式去迴避，而是洞察兩岸優勢，相輔相成，共襄盛舉。以香港及新加坡為例，廣大腹地才是經濟支撐力量，台灣如將大陸當做腹地，只要善加運用，大陸經濟規模無形中就等於台灣的經濟規模。

這是韓國、日本沒有的條件，當我們看到韓國Made in Korea轉成Made for China，就可以了解這是大勢所趨。當他人磨刀霍霍之際，我們為什麼要放下手中優勢，不與對岸優勢互補，共創雙贏？

台灣目前經濟狀況，政府領導認知與一般庶民無感落差的原因，只要了解這些「台商」及超過150萬「台胞」收入，甚至消費並不在台灣，台灣社會已非常態分配。當大陸GDP這二十年成長近十倍之際，台商經營規模也隨著水漲船高，當每週看到這些台商坐著私人飛機往返兩岸。一般

庶民生活及收入二十年來，隨著物價波動，基本上並未改善，甚至更差，一個民主自由開放社會，人民絕對有權表達自己的心聲。這些因台灣特殊政治生態強調「本土化」，而忽視海島經濟不能與世界大環境脫節，所產生經濟弱勢群體，冰凍三尺非一日之寒，不可能一朝一夕就能改變。其實台灣也與大陸同樣到了「調結構」改革艱難時刻，政府領導絕不能視而不見，聽而不聞，只看到台積電這些標準產業引以自豪，而自我感覺良好。

類似「竹三案」這類案子，被擱置被延宕，到底還有多少類似案例？一個簡單邏輯，目前有150萬以上台籍菁英在大陸打拼，原因很簡單，因大陸是世界市場。依「竹三案」計劃目標，將台灣打造成「國際創新研發基地」，創造台灣另一優勢，在智慧財產保護法保障下，定義智慧財產權是科技立國根本，將產業高值化，研發創新是必要途徑。

政府官員放下身段，學習大陸「招商引資」，吸引全世界公司在台設研發中心，將為本地人才找到出路，同時吸引大陸13億人口中的精英來台，必定產生群聚效應，將全世界研發創新人才聚集在這寶島上，大陸本土品牌因擁有在地優勢，基礎研發及研發人力又充足等優勢，但國際經驗不及台商，而速度快彈性大能隨時切入新市場領域，亦為台商特色，如台灣成為國際研發中心及創新基地，成為大中華市場的「科技加值島」，則無疑成為大中華經濟區創新龍頭，兩岸相輔相成。誠如施振榮新作「微笑走出自己的路」，品牌和研發絕對是必須堅持的道路，因大陸不僅是世界工廠，更是世界市場。「竹三案」依國土規劃，從北到南，製造良好環境，吸引國際研發人才駐台環境，至今延宕近十年，這些當初參與規劃的專家學者官員們的心血。其實對台灣未來看得清清楚楚。而最近兩岸關係有了突破性的改善，為兩岸優勢互補創造了更佳條件，抓住兩岸發展社會脈動，必能共創雙贏，以優勢互補，兩岸同時天蠶再變。

關鍵時刻要關鍵時刻做法，也要關鍵領袖，三十年前大陸有鄧小平，台灣有蔣經國、孫運璿、李國鼎，今天台灣人民的期待呢？我們翹首期盼。

14

結語及感言

14 結語及感言

近年來台灣社會氛圍讓人感覺悶與亂，好像社會陷入窘境，到底台灣是好還是不好，還是「資訊瀑布」或「資訊串流」Information Cascade，影響群體失了焦點，形成盲目的情緒洪流？

台灣在許多國家如東南亞及大陸人民眼中相對之下，還是蠻幸福的國度，難道台灣人在福中不知福，「吃飯的時候吃飯，睡覺的時候睡覺」，聽來如此簡單的禪語，在現實生活中卻是一件不簡單的事，塑化劑、混合油、農藥殘留、合成食品，如何吃得安心？起心動念，悶與亂的侵擾，令人煩惱、妄想、執著，甚至憂鬱，怎好入睡，當然抱著「天下本無事，庸人自擾之」的心態，隨遇而安，何嘗不可。

事實上一個多元之開放社會，本來就如「看見台灣」，有驚奇也有嘆息，如果沒有齊柏林一股執著的投注，無法讓大多數人「看見台灣」，沒有菜市場檢察官鄭智文，假油、廢水污染這些惡根就無法從台灣社會拔除。一位連高中都沒畢業，當過模板工豬肉販，靠苦讀自修考上司法官，因有社會基層的體驗，才能真正看見社會灰色的面相。這與一般社會精英、權貴雖然同處一個社會，但生活卻在不同空間，許多人道出台灣無奈的原因，指出台灣「亂」象，如果要為台灣「把脈」，會發現真正造成無奈，竟然也參與其中，昏庸無能造成傷害自己也有一份，令人氣結的是這些你認識的少數人，他們握有社會資源或許利慾薰心，由於你不能在關鍵時刻當機立斷，不但不能把資源發揮正面力量，甚至造成社會傷害。

　　要導正則需要讓更多人知道真相，才能找到解決的方向，而且要從不同行業切入，如同齊柏林從攝影家專業製作「看見台灣」。從事工程相關工作四十多年的親身體驗，能否讓更多人「看見竹三案」是一件需要勇氣的事，提筆之初，心情是矛盾的，擔心因整個事件曲折離奇，且牽涉甚廣，難以令人理解，也擔心付出慘痛代價，會將悲憤的情緒帶入文字，如同發洩自己的不平，可能造成口業而不自知。但又擔心過度自我壓抑，輕描淡寫模糊焦點，失去反思的價值，如何突顯表面和諧、民主、公開、公平之背面，竟然有一般人看不見、聽不到的灰暗事實。

　　「竹三案」相關者都是台灣社會有頭有臉公眾人物，用假名會失真，用真名也會產生一定程度負面衝擊，為求還給社會一個真相，只能不計個人毀譽，力求事實的展現，畢竟社會對「竹三案」了解只是片面的，看到「太極雙星案」媒體大幅詳盡的報導，相對之下「竹三案」僅有蘋果日報一個小方塊，心裡極度不平衡，對媒體是門外漢，既不懂門道，也不瞭解生態，但因「竹三案」從招標到解約前後十個年頭，才看到什麼叫做新聞價值。在媒體社會市場經濟，大眾傳播也是標準的營利事業，獲利才能生存發展，理想是不能當飯吃的，有它現實及殘酷面，尤其網路的興起，要創造「新聞」價值，似乎已成一門生意而不是理想及抱負。「竹三案」這項重大經建工程案，不及一個網路瑣碎的事件，幾乎毫無新聞報導價值，叫人悶到吐血，如果媒體真是第四權，只要忠實平衡報導，讓社會大眾及相關單位瞭解，事實真相「竹三案」可能就有了一線生機。

　　與十大建設相較或與目前大陸現況，國家重點工程建設都列入管控追蹤，而台灣這幾年誠如孫震憂心，空有一堆優秀人才，在上位做官的人流於世俗，對國家基本重要及長遠的問題沒人管，「竹三案」淪為民間公司間法律糾紛，也叫人無奈到不行。

　　政府實施清廉政治，從上到下不沾鍋，尤其公共工程採購程序，表面上法律條文完備，但卻無國家資質及相關成本核算制度配套，合理標有人謀不臧問題，採最低價標便宜行事，讓台灣廠商陷入惡性循環，其實只要杜絕及清除「玩」工程的環境及機會，合理標在成本核算制度尚未建立前，仍是最佳途徑。台灣既然實施全面西化民主，司法是代表社會公平正義，使用者是人民，但一上法院，才體驗司法是法律人的司法，理想與事實差距太大。我寧願相信法官的公正及操守，但我懷疑法官是否真正瞭解「竹三案」的涵義及案情內容。

　　以自訴方式控訴，本來想藉公平正義獲得伸張，留一條生路，如果法官明鏡高懸，「竹三案」還有生機，否則隨著判決不只受害人冤沉大海，整個案子也胎死腹中，不但留下一連串疑惑，社會成本也求償無門，真是無奈。

　　體制外的權利，往往是藏污納垢的溫床，企業發展到一定規模，已成社會公器，必須善盡社會責任，否則體制外的權力者，任用公司資源對社會造成傷害，往往令受害者投訴無門，雖然對企業僅造成可控制程度的損失，以避重就輕切割責任向社會交代了事，但影響層面太大，無法雙手遮天，掩得住天下人耳目？事實真相終會展露世人面前。只能扭曲及模糊一時，對企業的商譽及信用，絕對是負面的，整個「竹三案」的亂象就是事實真相，全盤擺在你我面前，期待彼此警惕，否則下一個受害者，可能就是你。如能對台灣社會有所反思，就願足矣。

國家圖書館出版品預行編目資料

臺灣公共工程的亂象：竹三案停滯的真相 / 李蜀濤著
-- 初版 -- 臺北市：博客思 , 2015.12
ISBN 978-986-5789-63-3(軟精裝)
1. 公共工程 2. 公共建設 3. 個案研究
445 104010293

投資理財系列 10

台灣公共工程的亂象　竹三案停滯的真相

作　　者：李蜀濤
法律顧問：端正法律事務所　廖修三律師
執行編輯：高雅婷
美　　編：陳湘姿
封面設計：陳湘姿
出 版 者：博客思出版事業網
發　　行：博客思出版事業網
地　　址：台北市中正區重慶南路1段121號8樓之14
電　　話：(02)2331-1675或(02)2331-1691
傳　　真：(02)2382-6225
E—MAIL：books5w@yahoo.com.tw或books5w@gmail.com
網路書店：http://www.bookstv.com.tw 、華文網路書店、三民書局
　　　　　http://store.pchome.com.tw/yesbooks/
　　　　　博客來網路書店 http://www.books.com.tw
總 經 銷：成信文化事業股份有限公司
劃撥戶名：蘭臺出版社 帳號：18995335
香港代理：香港聯合零售有限公司
地　　址：香港新界大蒲汀麗路36號中華商務印刷大樓
　　　　　C&C Building, 36,Ting, Lai, Road, Tai,Po, New,Territories
電　　話：(852)2150-2100　傳真：(852)2356-0735
總 經 銷：廈門外圖集團有限公司
地　　址：廈門市湖裡區悅華路8號4樓
電　　話：86-592-2230177　傳真：86-592-5365089
出版日期：2015年12月 初版
定　　價：新臺幣580元整（軟精裝）
ISBN：978-986-5789-63-3